建筑奇趣

玩转世界建筑史

朱向红　姜昀彤　著

中国水利水电出版社
www.waterpub.com.cn
·北京·

图书在版编目（C I P）数据

建奇筑趣 : 玩转世界建筑史 / 朱向红，姜昀彤著
. -- 北京 : 中国水利水电出版社，2025.5
ISBN 978-7-5170-5453-5

Ⅰ. ①建… Ⅱ. ①朱… ②姜… Ⅲ. ①建筑史－世界
－普及读物 Ⅳ. ①TU-091

中国版本图书馆CIP数据核字(2017)第131184号

书　名　建奇筑趣——玩转世界建筑史
JIAN QI ZHU QU —— WANZHUAN SHIJIE JIANZHU SHI
作　者　朱向红　姜昀彤　著
出版发行　中国水利水电出版社
(北京市海淀区玉渊潭南路1号D座　100038)
网址: www.waterpub.com.cn
E-mail: sales@mwr.gov.cn
电话: (010) 68545888 (营销中心)
经　售　北京科水图书销售有限公司
电话: (010) 68545874、63202643
全国各地新华书店和相关出版物销售网点

排　版　中国水利水电出版社装帧出版部
印　刷　北京科信印刷有限公司
规　格　210mm×290mm　16开本　10.25印张　323千字
版　次　2025年5月第1版　2025年5月第1次印刷
印　数　0001—3000册
定　价　80.00元

前言

热爱艺术的人是爱做梦的人，他的梦五彩缤纷，光怪陆离。建筑是千姿百态的，城市是风云变幻的，如果再添加上你的创想，世界将变得更加精彩。

这是一本既可以娱乐又可以学习的书，为你打开一个创想世界。

在这个由自然花草虫鸟、天空海洋与城市建筑构成的奇幻世界里，您将欣赏一场数千年的建筑时尚秀。不同时代、不同地域的人们为建筑披上五彩“华衣”，赋予建筑千般姿态，万种风情：古埃及、古西亚、古希腊、古罗马、拜占庭式、哥特式、罗马风、文艺复兴式、古典主义、巴洛克、洛可可、风格派、现代、后现代、解构主义……你会在无限风光中，陶冶情操，净化心灵。

建筑是有故事的，每个建筑的背后都有人类的智慧与心血。它们记载着人的悲欢离合，铭刻着人的爱恨情仇。这些故事里有情有义、有笑有泪，有的气壮山河，有的荒诞不经，有的令人扼腕，有的让人深思……它们被写进埃及神话、荷马史诗、希腊神话、圣经故事、印度教故事、伊斯兰教故事、佛教故事，甚至被载入《圣经》、《古兰经》、佛经……在有趣的历史与经典中，你可以读史明志，读经明理，启迪人生。

建筑是人的投影，在这本书中，你将看到站在建筑背后的人，他们从历史中走来，向你讲述建筑的故事和建筑的历史。他们的名字至今在人类历史的长河中闪耀：拉美西斯二世、萨尔贡一世、大流士一世、“埃及艳后”克丽奥佩特拉、凯撒大帝、屋大维、安东尼、查士丁尼大帝、狄奥多拉皇后、伊万四世、查理曼大帝、拉赫曼一世、伊丽莎白一世、路易十四、蓬帕杜夫人、朱棣、圣德太子、丰臣秀吉、释迦牟尼、泰姬・玛哈尔、维多利亚女王、本杰明・霍尔爵士、路德维希二世、茜茜公主、拿破仑三世、乔治四世、古斯塔夫・埃菲尔、威廉・莫里斯、安东尼・高迪、路易斯・沙利文、格罗皮乌斯、奥托・瓦格纳、密斯・凡・德・罗、西萨・佩里、勒・柯布西耶、戴高乐总统、乔治・蓬皮杜总统、丹下健三、伍重、迈克尔・格雷夫斯、扎哈・哈迪德……他们华服登场，有声有色，有说有笑，演绎建筑的故事，述说建筑的历史。你或许会因为一个人，记住一座建筑；或许会因为一座建筑，探寻人类的一段历史。

这本书里有建筑，有故事，有人生哲理，有设计经验，有诗，有画，有迷宫图，还有设计体验……你可以参与设计，也可以自由创作。

在这里，请你用彩笔尽情涂画五彩斑斓的梦想。

在这里，请你用墨线笔随意勾勒胸中的奇思妙想。

在这里，请你用艺术性的想象力设计未来，描绘明天。

在这里，感谢广州市科技计划项目（项目编号：201609010059）的支持。

朱向红

于广东工业大学

目录

前言

1　远古巨构

哈索尔神庙
(公元前1284—前1264年)
羽蛇神金字塔
(公元前500—前475 年)
阿蒙神庙
(公元前14世纪)
阿布辛贝神庙
(公元前1284—前1264年)
吉萨金字塔群
(约公元前2580—前2560年)

法老的天梯

古埃及人认为，人的生命像太阳一样东升西落，但灵魂不会毁灭，只要保护好肉身，死去的人将在 3000 年后在极乐世界里复活，获得永生。于是，古埃及人在尼罗河东岸建造壮丽的神庙和充满活力的家园，而在尼罗河西岸建造陵墓，里面点起长明的灯火，等待死者的复生。“生者之城”与“死者之城”隔河相望，形成两个世界永恒的循环。

6—10 月河水泛滥，
每天有很多鱼虾吃，
还可以晒一些鱼虾干，
盼望着！

天哪！
敢欺骗神！
我们献的新娘，
是 14 岁最美的少女。

图坦卡蒙法老像

建筑故事　法老的天梯

古埃及第三王朝以前，埃及人的坟墓都像住宅一样，是用泥砖垒成的梯台，人们称之为“玛斯塔巴”。尼罗河每年泛滥，泥砖砌成的建筑，很容易被洪水冲毁。

昭赛尔法老继位后，曾梦见自己走在一架通向天空的天梯上。梦醒后，他请宰相伊姆荷太普为他设计一座既坚固又能通向天空的建筑作为坟墓。伊姆荷太普知识渊博、智慧惊人，是埃及神学、文学、医学、天文学和建筑学的奠基人，他从山上采下石块代替泥砖，反复推敲，建成了一座六层石阶梯的金字塔，高大雄伟，像天梯般巍然矗立。

后来，金字塔又发展出由无数阶梯构成的折线金字塔和四角锥金字塔，而且，越建越高。

建筑故事　哈比之子

传说尼罗河神哈比有一个无底的水罐，每年6月，他倾倒水罐，水就源源不断地流进尼罗河。哈比每年倒的水都不一样多，于是，尼罗河有时旱，有时涝。

古埃及人希望能提前预知旱涝，做好抗旱防涝的准备。但是，哈比行踪不定，很难预测。不过哈比的四个儿子却很老实。人们发现这四个孩子的身高之和等于8米的时候，尼罗河既不发生旱灾，也不发生洪灾。于是，古埃及人每年靠测量哈比四个儿子的身高来预测旱涝。

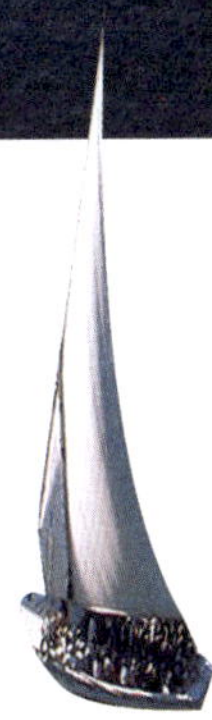

枯水期耕种，
泛滥期捞鱼，
日子真美啊！

去年，
河神娶亲，拉美西斯三世
被雕成美女，献给了河神，
哈哈！

吉萨金字塔群

埃及吉萨金字塔群，高达 146 米，约建造于公元前 2580—前 2560 年，主要由埃及第四王朝三位皇帝的金字塔——胡夫金字塔、哈夫拉金字塔和孟卡拉金字塔组成。尼罗河每年泛滥 3~4 个月，泛滥时期人们无法种地，于是，他们找到了建造金字塔的工作，建成一座金字塔可能要用 30 年的时间。

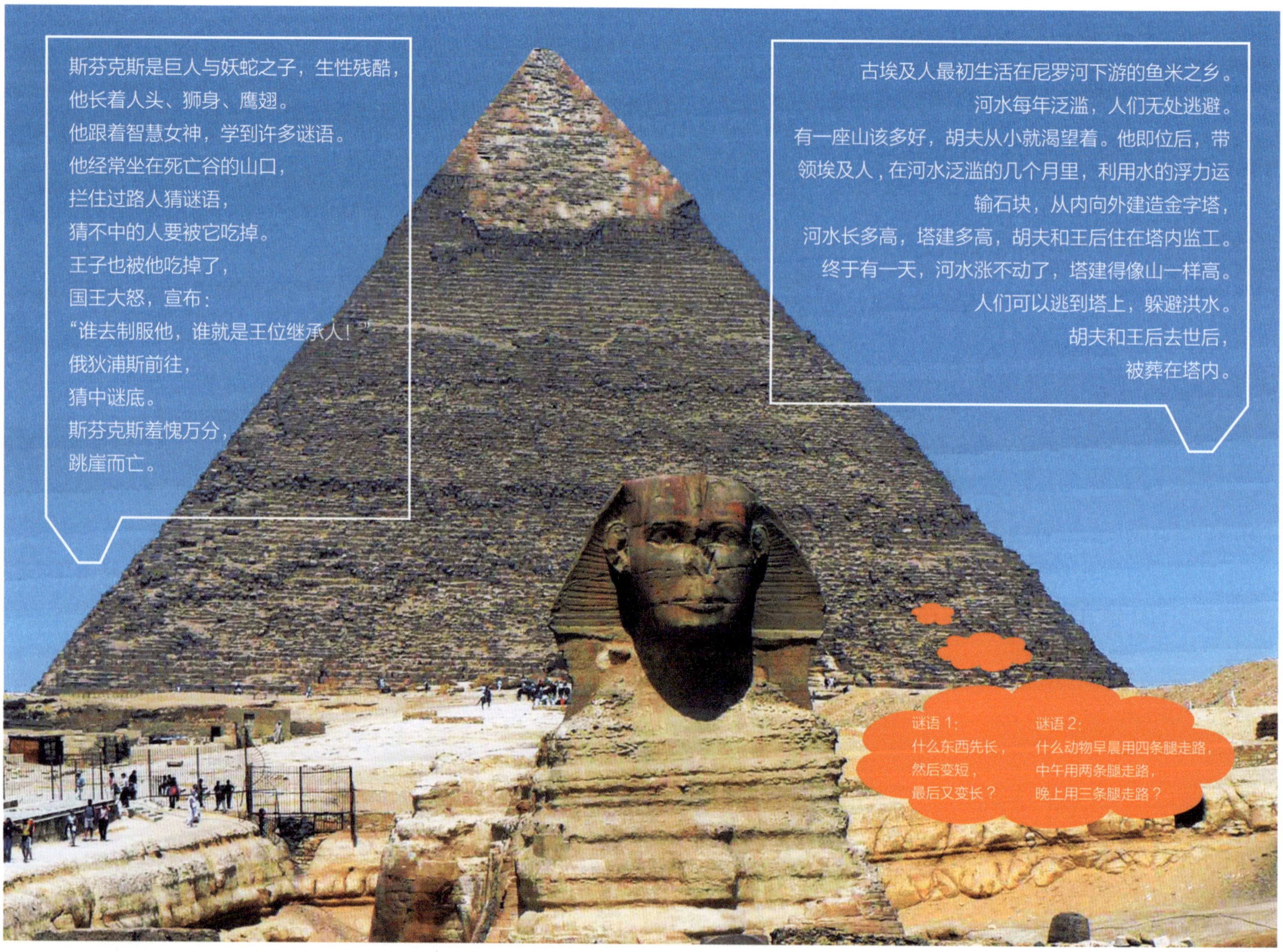

哈哈！斯芬克斯，
谜底是影子和人。

俄狄浦斯

吉萨金字塔群鸟瞰

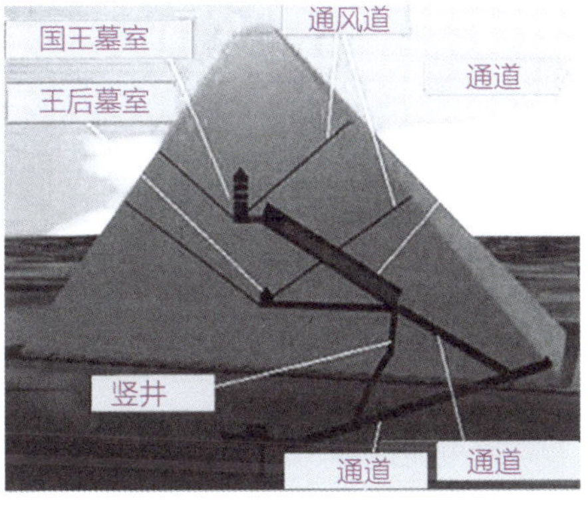

金字塔内部构造示意图

吉萨金字塔群

阿蒙神庙

阿蒙神庙是卡纳克神庙的主体部分，供奉底比斯主神——太阳神阿蒙。从卡纳克神庙到卢克索神庙，有一条1千米长的石板大道，两侧排着密集的圣羊像。

建筑故事　圣羊大道

阿蒙是一个腼腆的青年，他既不是法老的继承人，也没有任何能成为法老的功绩，而且，腿还有点跛。一年，法老远征，带走族里所有的男子，连刚会跑的两三岁男孩都带上了，阿蒙因腿脚不利落，便成为族里唯一留下来的男性。

时间一天天过去，法老带着远征军一去不回，音信全无。留下的人觉得情况危急，这样下去，会有灭族之灾。于是，大家把希望全都寄托在了阿蒙身上，女性们私下带着公羊或鹅去求阿蒙，请他帮忙延续香火。老实的阿蒙东躲西藏，但还是会被找到，最后，无可奈何的阿蒙只好配合。很快，阿蒙家大门两侧的公羊排成了长长的队伍。阿蒙的妻子知道此事后非常生气，在家门口竖起两把长长的宝剑，直冲蓝天，时刻准备着打跑“来犯之敌”，因此大家称她战神。

令人惊讶的是，阿蒙的能力超强。不久，上至80岁的老太太，下到不孕不育的少妇，全都生出了小孩，族里人丁兴旺。

十几年就这样一晃而过，一天，远征的法老带着残兵败将忽然出现。法老发现族里到处都是小孩，连自己的妻子和女儿也都生出好多个孩子，他连忙追查，老实的阿蒙承认都是自己的后代。愤怒的法老下令将阿蒙捆起来，推出去杀掉。这时，所有的女人和小孩全都冲出来保护阿蒙。法老没办法，只能释放阿蒙。不久，法老去世后，人们将阿蒙推选为法老。

善良的阿蒙被女人们搞得羞愧难当，再也不愿露面。孩子们要求见阿蒙，阿蒙便戴着公羊头、披着公羊皮出来。孩子们把这个秘密告诉了所有人，从此，埃及人不杀公羊，每年只在阿蒙的生日那天才杀一只，并用公羊的皮把阿蒙的神像包起来。

涂涂画画　古埃及阿蒙神庙

太阳节奇观

埃及中王国时期，卢克索是一座宫殿之城，法老们在这里开凿出大量石窟陵墓，形成著名的“国王谷”与“王后谷”，石窟以祭祀厅堂为中心，沿山崖布置台阶与平台，形成几十米深的空间序列：大台阶→大平台→前后两个祭祀厅→末端圣室。

阿布辛贝神庙是埃及新王国时期法老拉美西斯二世下令建造的大型岩窟神庙，建于公元前 1284—前 1264 年，神庙建成后，每逢拉美西斯二世的生日（2 月 22 日）和登基日（10 月 22 日），阳光都会穿过神庙的三层石门和厅堂，照亮 60 米深处圣室尽端的法老石像，照射时间长达 20 分钟，世人称之为“太阳节奇观”。

1968 年，神庙周围需修建水库，联合国教科文组织将神庙整体迁移，以确保神庙不被水淹没。尽管科学家们煞费苦心、竭尽全力，但他们的计算还是不够精确，阿布辛贝神庙迁移新址后，阳光照进圣室的时间比原来提前了一天。

这里风景真好！
能听到歌声吗？

我是拉美西斯二世，
为庆祝在位 34 年
建此神庙。
我右侧是冥王普塔和
太阳神阿蒙，
左侧是荷鲁兹。

建筑故事　发达的水利

拉美西斯二世很小就开始在法老学校学习治国理政，他没有花费太长时间，就学会了用兵策略、攻城方法、建筑技术和水利等多方面的知识。拉美西斯 10 岁参军，15 岁跟随父亲远征，25 岁继位，在位 67 年，战功赫赫，并建造了许多伟大的工程。

尼罗河是埃及人赖以生存的水源，河水退下去后，埃及的内陆居民只能饮用苦咸的井水。为了解决内陆居民饮水与农业灌溉问题，拉美西斯二世带领人们兴建了纵横交错的河渠水利系统，使大大小小的河渠布满埃及全境。

拉美西斯还把土地均分给每户居民耕作，每年根据实际情况征税。如果土地被河水冲淹，拉美西斯便派人重新测量，并减少征税。埃及第一次有了量地法。

阿布辛贝神庙

示爱来生

在距离阿布辛贝神庙约 50 米的峭壁上，有一座拉美西斯二世为他的妻子修凿的哈索尔神庙。神庙规模不大，大门两侧雕刻着 6 尊高约 10 米的雕像。神庙的石碑上刻着拉美西斯二世爱的宣言：

因为有了她，
太阳才放出光芒。
我对她的爱是独一无二的，
她是这个世界上最美的女人，
没有人可以替代。
当她轻轻走过我的身边，
就已带走了我的心。

拉美西斯二世还在神庙内的墙壁上写下这样的诗句：

众神，请听到我的祈求；
冥王，请庇佑我，让我拥有来生；
战神，请赐我勇气和斗志，让我再次为保护疆土而战；
阿蒙，请您保护我的灵魂，飞渡到遥远的来世；
爱神，请您再次眷顾我，把我带到她的身旁；
尼罗河，我的母亲，我愿与她同饮这生命之水，
约定再会，亦不忘却往生……

我在墓碑上
刻着爱的表白：
当她轻轻走过我身边，
就已带走了我的心。

永久！

3000 多年
石头已经烂了，
你还能陪伴多久？

哈索尔神庙
是拉美西斯二世为他的
皇后修建的。
峭壁上，门两侧，
十几米高的塑像，
向世人诉说着拉美西斯
伴随皇后身边的故事。

羽蛇神复活

古玛雅城市遗址奇琴伊察位于墨西哥尤卡坦州中东部，是一座非凡的石头城，是古玛雅文化和托尔特克文化的遗址，1988 年被列入《世界遗产名录》。玛雅文明大约发端于公元前 1800 年，而奇琴伊察最古老的建筑和金字塔可追溯到 5 世纪。7 世纪，古城发展达到鼎盛时期，占地面积达 25 平方千米，建有数百座高大雄伟、雕刻精美的石建筑。

玛雅人有翻新扩建建筑的习俗，库库尔坎金字塔（又称羽蛇神金字塔）就是在原有金字塔基础上扩建而成的。外部的大金字塔按太阳历建造，而内部的老金字塔按月亮历建造。外部大金字塔的北面有一条隧道通往老金字塔的内部。老金字塔底部石壁上雕刻着羽蛇神头部石雕。

站在羽蛇神金字塔下拍掌，会听到“唧唧呜呜”的回声，像凤尾绿咬鹃发出的叫声。凤尾绿咬鹃是古玛雅人崇敬的圣鸟，被视为羽蛇神的化身。它亮丽的绿色尾羽有 1 米多长，比黄金还珍贵。

建筑故事　雨神娶亲

“奇琴”的意思是“圣井”。由于缺少水源，当地的三口井被神化，人们称之为“雨神宫殿”。每年春季，人们都到“圣井”前举行盛大的祭献典礼。国王亲自挑选一名 14 岁的美丽少女投入“圣井”，献给雨神做新娘，还把许多金银珠宝投入井中，乞求风调雨顺。后来，这里成为朝圣之地。

酋长的宝座，眼睛是孔雀石。传说它洞察万物，能预见未来。

好个“玉”见未来，
“洞”察万物。
中国味的？

玛雅人不但长得像华人，
他们的羽蛇神也酷似中国龙。
难怪有人推测，
玛雅人是殷商时期移居美洲的华人。
奇琴伊察中心有一座羽蛇神金字塔，
9 层祭台，高 30 米，
365 级台阶象征一年 365 天。
每年春分和秋分的日落时分，
阳光会映出羽蛇神的金色轮廓，
仿佛羽蛇神苏醒复活，
每次幻象持续 3 个多小时，
玛雅人欢歌起舞，
庆祝羽蛇神降临。

羽蛇神金字塔

金字塔下羽蛇神头部石雕

2 西亚传奇

萨尔贡城门

美索不达米亚是底格里斯河和幼发拉底河之间的两河流域平原地区。这里是西亚文明的发源地，它的北部是贫穷的亚述地区，南部是富裕的巴比伦地区。

公元前 2371 年，萨尔贡一世起义夺取政权，在亚述地区建立阿卡德帝国，并大力发展炼铁技术，用铁质兵器武装军队，组建了世界历史上第一支常备军。军队兵种包括战车兵、骑兵、重装步兵、轻装步兵、攻城兵、工兵等，军队具备当时最强大的攻城武器——投石机和攻城锤。很快，原本落后的阿卡德帝国凭借军事实力发展成为强大的军事帝国，打败了巴比伦人。尔后，萨尔贡一世统一两河流域，统一度量衡，兴修农业灌溉系统，使两河流域走向繁荣。

公元前 722 年，萨尔贡二世即位，亚述帝国进入鼎盛时期。公元前 722—前 705 年，萨尔贡二世主持兴建了一座巨大的王宫，整个宫殿重重设防，王宫城门由四座方形碉楼夹内外三层城门构成，用于抵御攻城锤，坚固、威严而隆重。

涂涂画画 萨尔贡城门

人首翼牛

萨尔贡二世王宫内建有 30 多个院落，重重设防，戒备森严，可随时应对内部的叛乱。王宫一半在城内，设置神庙祭台，依靠神权统治百姓；另一半在城外，驻守着军队。宫门两侧雕刻人首翼牛像，像高 3.8 米，长着人首、狮身、鹰翼和牛蹄，头顶高冠，镇守宫门。人首翼牛在古波斯和西亚地区十分盛行，是一种具有神秘力量的吉祥物。

萨尔贡二世王宫的门神——人首翼牛石像
人首翼牛是亚述人的守护神，被称为“拉玛苏”，象征着睿智和健壮。人首翼牛石像建成于公元前约 720 年，现保存在英国伦敦大英博物馆内。

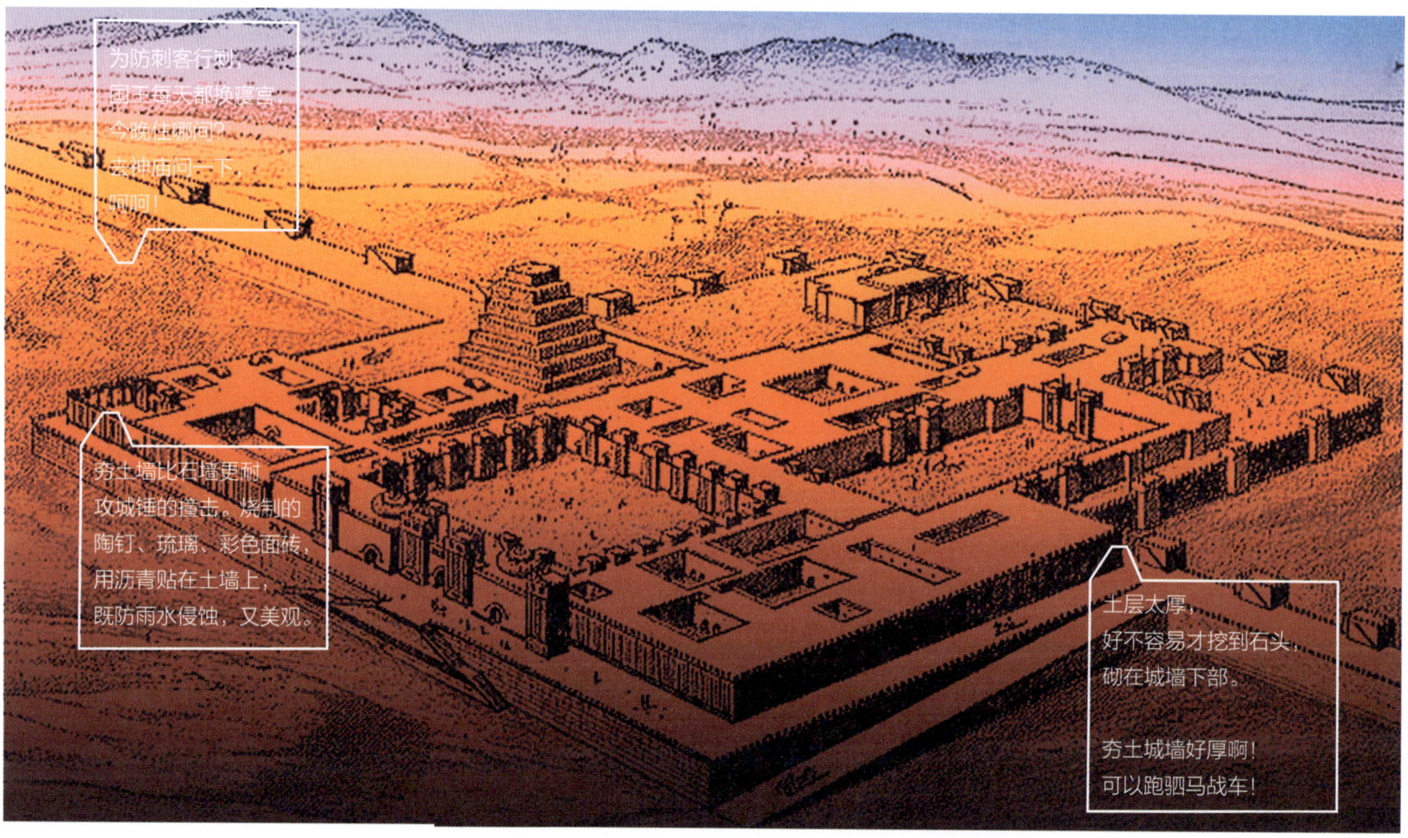

萨尔贡二世王宫复原想象图

兵贵神速，动作灵活，
军队驻守城外，对居民干扰小，
适于不断扩充人马、攻城夺地。

宫内建多层山岳台，
顶部建神庙祭台，
诸事都先求神问卜。

借河守城

亚述王统一两河流域后发现，亚述城的百姓穷得连稀饭都喝不上，但古巴比伦城却是名副其实的“世界首富之都”，古巴比伦人的富裕和智慧的程度超乎人们的想象。公元前626—前539年，新巴比伦城成为新巴比伦王国时期的都城。这座城市位于今伊拉克首都巴格达附近，城内1/3是绿地，1/3是神庙。城市跨幼发拉底河而建，城外有护城河，内外两道城墙间设壕沟，城墙上每隔一段设一座防御塔。整座城设有约100扇厚重的铜门，壁垒森严，希腊诗人荷马称之为“百门之都”。

新巴比伦城借助穿城而过的幼发拉底河，形成易守难攻的水利防御系统。敌人兵临城下时，关闭所有城门，放河水淹没城外，而涌向城内的水则汇入护城河和壕沟，流向下游，确保城内安然无恙。

建筑故事 巧夺巴比伦

公元前539年，波斯王居鲁士进攻新巴比伦，他仔细研究新巴比伦城的水利防御系统，想出了一个避实就虚、出奇制胜的好策略。居鲁士带领军队在幼发拉底河的上游修筑水坝，使河水改道。夜晚，军队从放干水的河床中潜入城内，占领了这座固若金汤的城市。

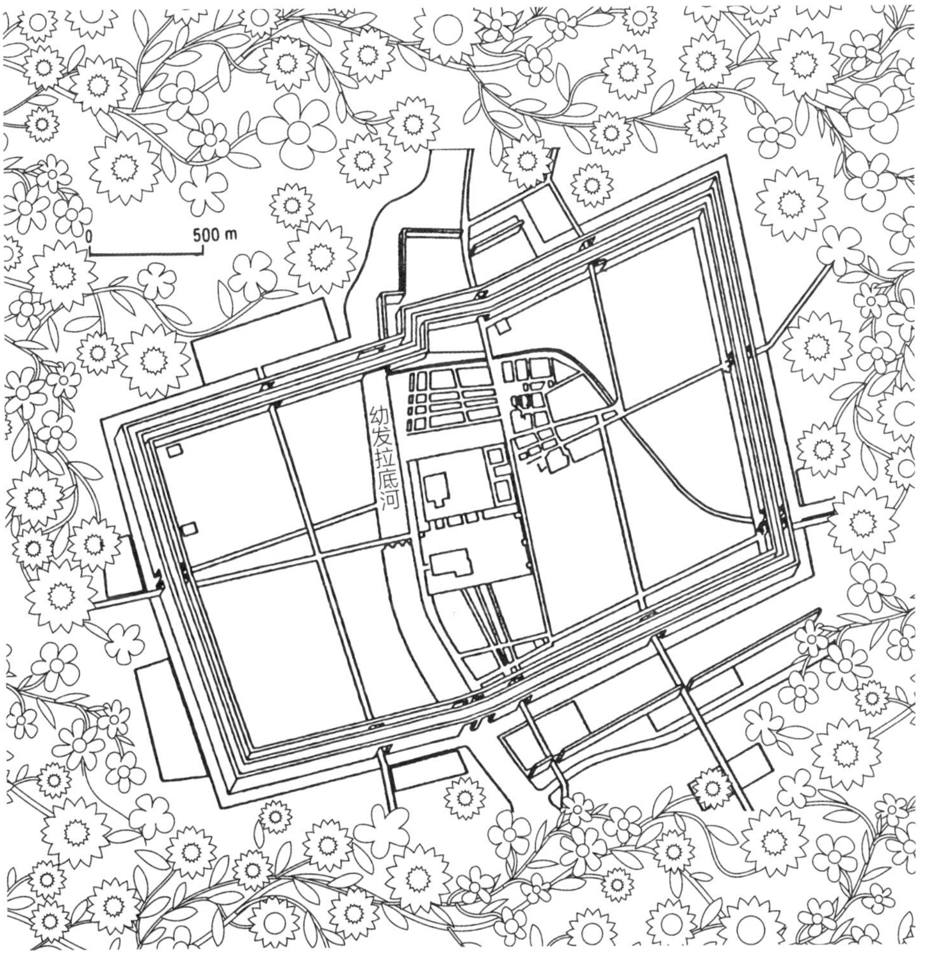

涂涂画画 请在这幅新巴比伦城水利防御系统图中标出幼发拉底河、护城河、城墙与壕沟的位置吧！

空中花园

巴比伦空中花园被作为古代世界七大奇迹之一，相传建于公元前 6 世纪，采用立体造园手法，花园建在四层平台之上，远观像悬浮于半空。

建筑故事　解忧花园

新巴比伦王国国王尼布甲尼撒二世（公元前 604—前 562 年）在位时，娶了一位美丽的波斯国公主为妃，公主日夜思念花木繁茂的故乡，郁郁寡欢。于是，国王下令在幼发拉底河畔模仿公主家乡的波斯花园兴建一座巨大的花园。花园建在高高的夯土台地上，层层叠叠，遍植奇花异草，并配有灌溉系统。花园周围环绕着镶嵌彩色狮子图案的琉璃高墙。从远处望去，花园仿佛悬在空中，所以人们称它为“空中花园”。

【设计创作】

岁月流逝，巴比伦空中花园早已不复存在，你来设计一座新的“空中花园”吧！

请在这里画出你心目中的空中花园。

波斯十字

波斯帝国的居鲁士大帝征服巴比伦后，释放了被囚禁的奴隶并帮助他们返回自己的家乡。居鲁士大帝派人护送被囚禁的以色列先民回到迦南，并帮助他们重建了耶和华圣殿，复兴了犹太教。后来，居鲁士打败波斯的世仇米底国，但对米底国国王却以礼相待，采纳其谏言。居鲁士一生征服过许多国家，他保护这些国家的文明，并使之发扬光大，赢得后人永久的尊敬。

大流士一世继位后进行改革，实行省制。他以骑马 10 天能视察到的领土为“省”，把波斯帝国划分为 20 个省。每个省设总督、将军、司税，三权分立，相互监督，各自对国王负责。大流士还修筑驿道，发展航运，开通运河，统一币制，发展生产，使波斯帝国走向鼎盛。

公元前 522 年，波斯帝国兴建了第五座都城——波斯波利斯，城内建造了当时世界上规模最大的波斯波利斯宫。宫殿内有中央大厅、百柱大厅、寝宫、后宫、宝库、营房和 2 千米长的地下排水管道系统。

后来，大流士将自己的坟墓建在圣心山的悬崖峭壁上，他希望自己死后也能观看日出东山，阳光照耀帝国。

涂涂画画 大流士墓

3　欧洲的古风

克里特迷宫

当古埃及人使用莎草纸记录历史的时候，两河流域的人们以芦苇作笔，将楔形文字刻在泥板上，再烧制成陶板保存。这时，古希腊还处于蒙昧时期，没有文字，人们通过口口相传的《荷马史诗》记述历史传说、赞美古希腊文明。

地中海克里特岛是希腊最大的岛屿，是希腊文明的发源地。公元前2600—前1125年，米诺斯王朝在此发展到鼎盛时期。

克诺索斯王宫坐落于克里特岛的山坡上，是米诺斯王朝的政治、经济、宗教和文化中心。王宫共5层，顺着起伏的山地，高低错落地布置了1000多个房间，梯道、走廊曲折相连。

王宫以长方形庭院为核心，由内向外，布置王室成员的住所、公共接待厅、神庙、宝库和储藏室。王后的盥洗间内，冷热水管道齐全，设有人工冲水的陶制浴缸和马桶。

王宫周围是市政大厅，官员在此食宿。大厅周围有众多的库房、作坊、档案室和税务室。

我是王子，
来送贡品。
宫殿多少层？
数不清！

国王每生一个王子，
就在山上扩建一层，
有多少层楼，
就有多少个王子。

克诺索斯王宫的墙上绘有大量壁画，绘画题材多为海洋生物，采用红、黄、蓝等明亮色调，表现形式生动活泼，使半明半暗的宫室呈现出轻快活跃的气氛。1900年，英国学者阿瑟·伊文思对克诺索斯王宫进行发掘和重建。发掘的文物原件被收藏在希腊伊拉科利翁考古博物馆中。遗址上则以复制品再现壁画、彩绘木柱、陶器等文物，并按出土时的位置原地摆放。宫内的红色木柱的复制品是用混凝土按原样制作的，更加坚固耐久。

克诺索斯王宫遗址文物复原图

建筑故事　迷宫传奇

相传，腓尼基国王的女儿欧罗巴到海边散步，被天神宙斯看见了，宙斯倾心于欧罗巴的美貌，于是化为一头公牛，跪在她的脚旁，请她坐上自己的后背。欧罗巴刚坐上牛背，公牛便一跃而起，飞奔到海上。

欧罗巴慌忙问道："公牛，您是谁，要把我带到哪儿去？"

宙斯答道："我是宙斯，我们去克里特。"

后来，宙斯与欧罗巴结婚，生下儿子米诺斯，米诺斯长大后，成为克里特的国王。

米诺斯将克里特带向繁荣，渐渐变得骄傲自大，忘乎所以，自命为神。

宙斯非常生气，惩罚米诺斯，把米诺斯的一个儿子变成了牛头人身的吃人怪物，人们称他"米诺牛"。

米诺斯请建筑师德达罗斯建造了一座迷宫，关住了米诺牛，不让他出来危害百姓。迷宫中央是米诺牛的住所，四周的道路错综复杂。如果有人进入这座迷宫，不是被米诺牛吃掉，就是被饿死在里面。

米诺斯的另一个儿子安德洛格斯在雅典被害，米诺斯起兵血洗雅典。为了平息米诺斯的愤恨，雅典人向米诺斯求和，答应他每九年送七对童男童女到克里特，供米诺牛食用。

在雅典第三次进贡的时候，雅典国王爱琴的儿子忒修斯决定和童男童女们一起出发，去杀死米诺牛。出发时，忒修斯和父亲约定，如果杀死了米诺牛，返航归来时就把船上的黑帆换成白帆。

忒修斯来到克里特遇见米诺斯美丽的女儿阿里阿得娜公主，公主对他一见钟情。得知忒修斯的使命后，公主交给他一团线和一把宝剑。聪明而勇敢的忒修斯进入迷宫后，放开线团，走到迷宫深处，经过一场恶战杀死了米诺牛，然后带着童男童女们沿着线走出迷宫，和公主一起乘坐来时的大船逃离了克里特岛。几天的航行后，忒修斯终于看见了雅典。兴奋的忒修斯忘了和父亲的约定，没有把黑帆换成白帆。翘首等待儿子归来的国王爱琴，看到回来的船挂着黑帆，以为儿子已被米诺牛吃了，悲痛欲绝，跳海身亡。为了纪念国王爱琴，人们称这片海为爱琴海。

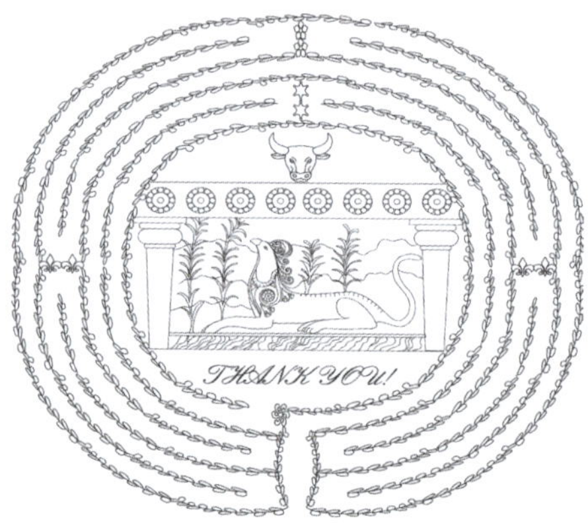

克诺索斯王宫复原想象图

雅典卫城

建筑故事 空城计

希波战争中，大流士派出使者，要求希腊各城邦臣服："交出自由，赎买生存。"希腊人热爱自由，不愿沦为波斯的奴隶，波斯使者被雅典人抛入大海，被斯巴达人丢进深井。两个弱小的城邦，向强大的波斯宣战。

双方在马拉松展开决战。既无骑兵也无弓箭手的希腊人，身披铠甲，冒着波斯军队的箭雨，排成密集的队列前进，与波斯士兵进行残酷的肉搏拼杀。兵器的撞击声和希腊人的怒吼声响彻天空，波斯军队溃败。

弱小的希腊军队在马拉松战役中大获全胜，一个士兵一口气跑了 42 千米，奔回雅典城报告了胜利的消息。这位英勇的士兵却因精疲力竭而倒地身亡。此事成为现代马拉松长跑的起源。

后来在温泉关战役中，斯巴达王率领 300 名精兵和 6000 名步兵阻击波斯乌云般的万人大军。激战三天三夜后，斯巴达人全部壮烈牺牲。他们用生命为雅典赢得了宝贵的时间，当波斯军队进攻雅典时，发现雅典只剩下一座空城，全城居民早已撤离。恼怒的波斯军队焚毁了雅典卫城。而后，波斯军队进攻希腊，希腊再度使用空城计，移师海面。波斯军队一无所获，加之缺乏给养供应，士兵沦为强盗，四处抢掠食物，最后，不得不吃草根、啃树皮。波斯士兵饿死无数，希腊联军趁机出击，迅速夺回所有被占领的城邦，赢得胜利。

公元前 480 年，希腊人重建雅典卫城，庆祝希波战争的胜利。

建筑故事 卫城之争

在希腊神话中，智慧女神雅典娜生于宙斯的前额，她将纺织、雕刻等工艺传授给人类。雅典娜曾与海神波塞冬争夺卫城。宙斯决定，谁能给人类一件他们喜欢的东西，城就归谁。心急的波塞冬迫不及待地举起三叉戟，敲击岩石，一匹战马嘶叫着跳了出来，这是战争的象征，人们的眼中充满了恐惧。雅典娜用她的长矛敲了一下岩石，岩石上长出一株象征和平的橄榄树，人们顿时欢呼起来。从此，雅典娜成为卫城的守护神，城市的大街小巷种满橄榄树，人们称这座城市为"雅典"。

帕提农神庙，长 70 米，宽 31 米，高 19 米，用视觉矫正原理，避免不稳定感。

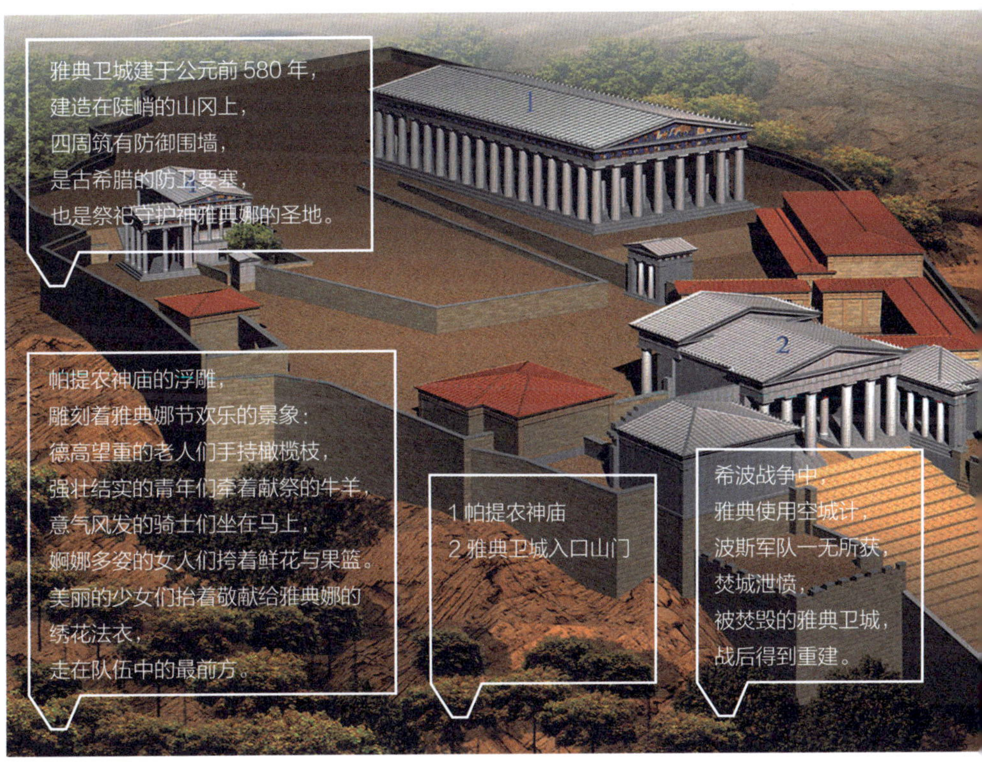

雅典卫城复原模型

神殿少女

伊瑞克提翁神庙建在雅典卫城高低起伏的山地上，由两条独具特色的柱廊连接三个神殿，神殿内分别供奉希腊的主神宙斯、海神波塞冬、火神埃雷赫修。

神庙南面是六根少女像柱组成的半亭，表现雅典娜节托着祭品的少女们。她们长裙束胸，轻盈飘逸。为了使她们的颈部足够粗，能够托起头顶的千斤石顶，建筑师为每位少女颈后雕出浓厚的发髻，头顶还加上了花篮。她们形态端庄自然，面向大门，亭亭玉立，仿佛神圣的庆典一直都在进行着。

伊瑞克提翁神庙

雅典人选雅典娜当守护神，并未忘记
海神给予的舟楫之便，
这座神庙是献给海神的。

伊瑞克提翁神庙里有三个神殿，
分别供奉宙斯、海神波塞冬、火神埃雷赫修。
北廊的天花和地上的方孔，据说是波塞冬的
三叉戟刺的。

建筑故事　雅典娜节

伊瑞克提翁是希腊神话中的一位英雄，由女神雅典娜抚养长大。成为雅典国王后，他修建了雅典娜神庙，设立了雅典娜节。

雅典娜节每四年举行一次，其重要程度与奥林匹克运动会相似。

在雅典城外的阿卡德谟斯树林里，有常年不息的圣火火种。每逢雅典娜节，人们都会在日出时来到这片树林，祭拜雅典娜，然后用火把取回圣火火种，一路传递，送到雅典卫城，点燃雅典娜祭坛上的火炬。

节日期间，雅典人去圣地埃留西斯接回雅典娜神像。当神像到达城门时，浩浩荡荡的游行队伍前来迎接，将神像护送到卫城上的神庙里。少女们列队，抬着为雅典娜编织的巨大羊毛绣袍，走在最前面，进入神殿后，举行盛大的祭祀仪式，然后把一件件羊毛绣袍披在巨大的象牙和雅典娜黄金雕像上。

雅典娜节的庆祝活动一般持续六天，除各种体育竞技比赛外，还有戏剧、舞蹈、音乐和诗歌朗诵等活动。后来，还出现男子健美比赛。

希腊柱式

古希腊人崇尚人体美与数学的理性，建筑参照人体尺度与比例，对称构图，稳定和谐，常装饰浮雕及彩绘。

建筑故事 柱子的传说

多立克城邦里，人们建神庙时，在柱子宽高比的设计上，模仿了男子脚长和身高的比例——1/5~1/6，使柱子看起来像男性一样粗壮有力，人们称之为“多立克”。

爱奥尼城邦里，人们要建一座大殿献给女神，在柱子宽高比的设计上，则模仿了少女脚长和身高的比例——1/8~1/9，柱头上，雕刻出女性发卷般的涡卷，再饰以花纹。这种柱子如少女般窈窕优美，人们称之为“爱奥尼”。

科林斯城邦里，一位少女生病去世，奶奶把她心爱的物品装进篮子，放在墓上，小心地盖上一块石板。第二年春天，篮子下面的忍冬草生长出来，叶子一层层向外弯曲翻卷着，像一双双小手捧着篮子，这情景被路过的雕塑家描绘下来，并刻到柱头上，人们称这种柱子为“科林斯”。

古希腊人无论男女，都穿宽松的裙袍，衣裙自然垂下，形成许多自然的裙褶，工匠们模仿这些裙褶，为柱身雕刻出弧形凹槽，仿佛给柱子穿上了优雅的百褶裙。

涂涂画画 古希腊柱式

万神庙的变迁

罗马共和时期实行民主制度，人们信仰众神，众神的地位至高无上，在决定重大事情时，都要举行祭祀仪式，请求众神的旨意。万神庙最初建于公元前 27 年，用来供奉奥林匹亚山上的诸神。公元 80 年，万神庙被大火焚毁。120—124 年，哈德良皇帝重建万神庙。万神庙门廊宽 34 米，深 15.5 米；16 根科林斯石柱，高 14.18 米，底径达 1.43 米，柱身为整块埃及灰色花岗石，柱头和柱础是白色大理石。

罗马帝国建立后，共和制退出舞台，元老院集体领导让位于皇帝的独裁统治，宗教也随之发生变化，基督教成为国教，由众神崇拜变为对基督的一神崇拜，610 年，万神庙变身为基督教堂。

浮雕都被抢走了，
只留下了预埋孔。

华丽的镀金青铜板
和红色大理石，
也已不翼而飞。

万神庙

我接过一座
砖建的罗马，却留下一座
大理石的城。

《第一城门的奥古斯都像》

公元前 1 世纪，盖乌斯・屋大维平息了罗马共和国的内战，被元老院赐封为“奥古斯都”。《第一城门的奥古斯都像》为白色大理石雕像，高 2.5 米，是雕塑家布拉西奥・努沃的作品，于 1 世纪完成。它是古罗马时期的著名代表作，于 1863 年在罗马近郊“第一城门”（Prima Porta）奥古斯都的妻子利维娅的别墅被发现，现收藏于梵蒂冈博物馆。

雕像右脚旁带双翼的丘比特小神像，衬托着奥古斯都的高大威武。甲胄上的叙事性雕刻寓意是罗马征服全世界。

建筑故事　天堂玫瑰

克丽奥佩特拉是古埃及托勒密王朝的最后一任女法老，她才貌出众，谈吐优雅，能说五国语言，人们称她为“埃及艳后”。克丽奥佩特拉 17 岁即位后，古埃及发生政变，她被驱逐到叙利亚。走投无路的克丽奥佩特拉投奔凯撒大帝，凯撒非常迷恋这位智慧而美丽的女王，帮助她重返埃及。

凯撒被害后，属下安东尼与凯撒 18 岁的养子屋大维平定了罗马的动乱，两人共同统治罗马。屋大维统治西部，安东尼则统治东部。屋大维和安东尼两人情同手足，都知道对方和自己一样，喜欢年仅 24 岁的克丽奥佩特拉。为了解开这个尴尬的局面，屋大维把自己的姐姐奥克塔维娅嫁给了安东尼。婚后，安东尼依然爱着克丽奥佩特拉，最后，他修书放弃与奥克塔维娅的婚姻，并与克丽奥佩特拉结婚。

屋大维得知此事后非常生气，于公元前 31 年，率海军和安东尼开战。克列奥帕特拉乘船观战，她看到两人兵戈相见，非常难过，马上撤离战场，驶向埃及。安东尼发现后，追赶而去，大军不战而败。屋大维追击至埃及，安东尼自觉惭愧，伏剑自刎。克丽奥佩特拉不想面对屋大维，躲入墓穴，但被屋大维找到。克丽奥佩特拉设法让毒蛇咬伤手臂而亡，临终前，请求屋大维把她和安东尼埋葬在一起。

安葬安东尼和克丽奥佩特拉后，屋大维收养了两人的孩子，并和安东尼年幼的养女结婚。而后，屋大维建造起罗马最大的神庙——万神庙，希望万神护佑他生命中最特殊的两个人。他在万神庙穹顶的每个藻井内，都装饰上了镀金的铜玫瑰花，献给天国的爱人。

安东尼和克丽奥佩特拉的离去，使屋大维得到了整个罗马和埃及，罗马从共和国进入帝国时代。屋大维宣称要把泥砖的罗马变成大理石的罗马，他兴建一系列与帝国伟大业绩相辉映的宏伟建筑，建设庞大的交通网，促进了通信、贸易及邮政的发展。屋大维还建立了世界上第一支消防队，并在罗马建立了一支常规警力。

时辰之舞

万神庙外墙厚达6.2米，支撑着混凝土穹顶。穹顶直径43.3米、高43.3米，一直保持着最大跨的穹顶记录，直到 1960 年，此记录才被直径达 100 米的罗马体育馆穹顶打破。

据说，万神庙室内顶部直径为 8.9 米的光孔洒下的光束可以指示时间。

原先穹顶每个龛内装的镀金铜玫瑰很美！

克丽奥佩特拉女王

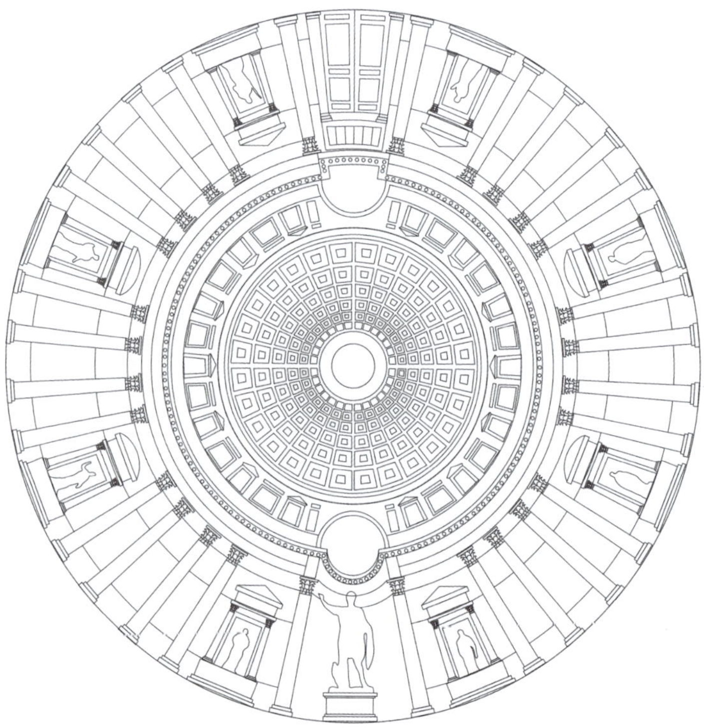

涂涂画画　万神庙穹顶

罗马柱式

公元前 200 年，古罗马经过百余年的扩张，成为地跨欧亚非三大洲的庞大帝国。其后 600 多年统治期间，古罗马以西亚为“钱袋”，以北非为“谷仓”，经济迅速发展，兴建了大规模的公共设施，如神庙、广场、剧场、斗兽场、浴场、凯旋门、纪功柱、水道、道路等。

古罗马人崇尚正方形和圆形的完美比例，继承古希腊多立克柱式，发展出柱身光洁的塔司干柱式，并融合爱奥尼与科林斯柱式于一体，形成组合柱式。

罗马人用活性火山灰、石灰、碎石配制天然混凝土，在拱券结构基础上，发展出筒拱（Barrel Vault）、十字拱（Cross Vault）及穹顶结构。柱式与拱券结合，形成券柱式、连续券；柱式与多层建筑结合，形成叠柱式、巨柱式。

公元前 100 年，罗马帝国初期的建筑师及学者马尔库斯·维特鲁威·波利奥总结当时的城市规划和建筑技术，撰写出《建筑十书》，在叙述专业知识的同时，还讲述了许多有趣的故事。例如，城镇选址时，古人判定一个地方是否宜于居住，先观察当地的羊，检查羊的肝脏是否正常，如果不正常，便再杀一些羊进行检查，若确定其肝脏不正常，则判定此地不宜居住，他们的理由是若当地的水土不利于动物生长，必然也不适于人类居住……书中的许多内容，今天还为读者们津津乐道。

涂涂画画　券柱式

血染角斗场

古罗马的大角斗场源于古希腊依山而建的半圆形剧场，古罗马人用拱券支撑看台，发展出圆形和椭圆形剧场，以容纳更多观众。大角斗场为椭圆形平面，其平面长径为 188 米、短径为 156 米，大角斗场高 57 米，可同时容纳 5 万人，底层有 80 个疏散出入口。舞台通过活动盖板和机关，可以自由更换布景，升降兽笼和兵器。地下室布置储存道具、布景和武器的库房，角斗士学校，关押奴隶和猛兽的牢房以及输水管道。看台分 4 层，底层是贵族席，二层是市民席，三层是平民席，四层是站席。看台座位下埋有铜质共鸣瓮，用于改善音质。

角斗场外立面为 4 层叠柱式结构，从下而上采用塔斯干、爱奥尼、科林斯和组合柱式，顶部插有 240 根桅杆，水兵们像控制船帆一样舒卷防水帆布，为看台遮阳避雨。

248 年，角斗场内引水成湖，开入战船，表演海战场面，以庆祝罗马建城 1000 年。

15 世纪，教廷拆除斗兽场的部分石料，用于建造教堂和枢密院。

建筑故事　斯巴达克起义

斯巴达克原是色雷斯部落的首领，战斗中被俘，沦为奴隶，被送进角斗士学校。斯巴达克劝说角斗士们为自由而战斗，不做罗马贵族享乐的牺牲品。

公元前 73 年，斯巴达克组织角斗士起义，提出“将奴隶主变为奴隶”的口号，起义军闪电般地发展到 12 万人。元老院派军队镇压起义军，斯巴达克在战斗中负伤，士兵们请求他骑马逃走，但斯巴达克却刺死战马，与苦难的兄弟们战斗到底……

设计创作

请用你的画笔绘出完整的古罗马角斗场吧！

浴场也疯狂

古罗马人爱洗澡，他们走到哪里，就把浴场建到哪里，浴场遍布罗马帝国的城市、村庄。4 世纪时，罗马的浴场已超过 850 家。在浴场内，人们洗澡、休息、聊天、娱乐、商量买卖、和解讼事……消磨一整天的时间。有些专为穷人开设的浴场，还提供免费面包、游戏、演出和桑拿蒸汽等服务。

古罗马的公共浴场一般有热水浴、温水浴和冷水浴三部分，有些还有蒸汽浴，包括湿蒸汽浴和干蒸汽浴。较大的浴场还有休息厅、娱乐厅、运动场、图书馆、讲演厅、商店和储水池等空间。公共浴场一般设有集中供暖设施，从火房出来的热烟和蒸汽流经各个房间的地板下、墙内和拱顶里的陶管，以此散发热量。冬天，公共浴场更成为人们聚集的好地方。

罗马帝国初期，公共浴场男女分别入浴。而到帝国末期，罗马人追求奢侈浮华，耻于简朴生活，男女共浴，浴场堕落为淫荡之地。贵族、官员们每天的日程就是吃饭、洗澡、健身、娱乐，辉煌的罗马在这种奢靡、颓废、荒淫的气氛中开始逐渐走向衰落。

建筑故事　罗马浴池

公元 1 世纪，罗马的一个王子染上了麻风病，被送到巴斯镇养猪。王子看养的猪喜欢在一处泥塘里打滚，王子每天都得下到泥塘里把猪赶出来，然后去旁边的温泉里洗澡。日久天长，王子的麻风病竟痊愈了，而且他的皮肤变得细腻光滑。王子继承王位后，对巴斯镇的那个温泉念念不忘，命人在温泉旁修建了一座公共浴池，每年都带着王公贵族来此洗浴。

英国皇家学院派画家罗伦斯·阿玛－泰德玛爵士在考察古罗马浴池遗迹后，创作了油画《安东尼式浴池》，重现奢华的罗马浴池，反映古罗马社会生活景象。

《安东尼式浴池》

城市的良心

喜爱交际的古罗马人，追求卫生、清洁、健康的城市生活，把公厕也开发成娱乐休闲场所，人们可以在公厕同邻里闲话家常、议论政治、接洽生意。到 315 年，罗马城的公厕已经超过 140 个。

罗马城建在山上，台伯河河床低，取水不便，人们便兴修城市供排水系统，包括高架输水道和下水道系统。城市用水通过高架输水道内的密封陶管引周围山泉入城。罗马盛期，输水道长约 2000 千米，遍布城内，通往居民区、上千个水池和喷泉，每天供应百万立方米以上的清水。

下水道隐藏于地下，不易发觉，却是城市的良心，代表城市的文明。公元前 6 世纪，罗马人石砌的马克西姆下水道是古代最宏伟的下水道，截面达 3.3 米 ×4 米，现在仍在使用。公元 33 年，罗马的营造官在清洁下水道时，曾乘坐一叶扁舟在下水道中游历一番。

建筑故事　人鱼王子

“真理之口”是古罗马马克西姆下水道支渠的盖板，上面雕刻着希腊神话中特里同的面孔。特里同是海神波塞冬和海后安菲特里忒的儿子，是海的信使，力大无穷，长着人身鱼尾，手持三叉戟。他的海螺号声像猛兽咆哮，可以扬起海浪。特里同原本性格粗鲁狂暴，但是遇见美人鱼安菲特里忒后，他一见钟情，为了追求安菲特里忒，他变得温文尔雅，恋爱也终成正果。在中世纪，法官审判案件时，让犯人把手伸入“真理之口”中，然后命令他重复自己对法官说过的话，如果犯人心虚，说话吞吞吐吐或者前后说法不一致，他的手就会被砍掉。

古罗马的下水道修得像地铁一样宽，
不会一下雨就看海！

一个城市的发达不看这个城市
建筑的华丽程度，
而看城市排污的能力。

特里同喷泉

1642—1643 年，罗马教皇乌尔班八世出资，
在巴贝里尼宫大门前的巴贝里尼广场兴建了特里同喷泉。
喷泉由著名雕塑家乔凡尼·洛伦佐·贝尼尼设计。
雕像根据古罗马神话再现特里同的风姿。
特里同仰头挺胸，肌肉强健发达，
双臂捧起海螺豪饮，水流喷射而出。
人鱼状的身体下有四个海豚尾翼，
鳞片状的尾翼上雕刻着教皇头饰、
十字交叉的钥匙和巴贝里尼家族纹章——蜜蜂等图案。

真理之口

4　欧洲中世纪

驶向拜占庭

中世纪初，希腊国王拜占要建新城，于是去神庙问卜。神父告诉他驾船向东航行，在遮住视线的地方建城。当他抵达博斯普鲁斯海峡时，欣喜若狂，因为他发现距海峡东岸半英里处，一块高地出现在了眼前。于是，他停下了船，在这里建城，人们后来称这里为“拜占庭”。这里是扼守黑海与地中海的唯一出入口，是东西方商贾要塞和兵家必争之地。330 年，君士坦丁大帝迁都至拜占庭，改称君士坦丁堡。

395 年，罗马帝国的末代皇帝狄奥多西一世将帝国分给两个儿子，罗马帝国此后便一分为二：东罗马帝国以君士坦丁堡为中心，信仰东正教；西罗马帝国以罗马为中心，信仰天主教。

中世纪，西欧的天主教教堂流行拉丁十字平面，四臂不等长，纵轴较长；东欧的东正教教堂流行希腊十字平面，四臂等长，象征政教合一（国王和教皇合二为一）。

拜占庭时期，基督教逐步成为各国的国教，教徒从被迫害者变为迫害者。他们设立宗教裁判所和宗教法庭等机构，迫害信仰异端学说者，当时，很多伟大的思想家及科学家惨遭迫害。

查士丁尼大帝

头戴皇冠的人
不应该在失败时
苟且偷生。
我不再被尊为皇后的
那一天
是永远不会到来的。

狄奥多拉皇后

基督

建筑故事　献礼智慧女神

圣索菲亚大教堂建于 532—537 年。传说，查士丁尼大帝曾梦到天使要求他为智慧女神索菲亚建一座大教堂，并交给他一份设计图。梦醒后，查士丁尼命令物理学家伊西多尔和数学家安提莫斯设计和建造圣索菲亚大教堂，教堂平面长 77 米、宽 71 米，穹隆底部开设 40 扇窗，教堂建成后，保持世界最大教堂的纪录达千年之久。1520 年，塞维利亚大教堂建成，创建了新的世界纪录。

圣索菲亚大教堂墙壁上的基督马赛克壁画

帆拱天使

物理学家伊西多尔和数学家安提莫斯的完美合作，为圣索菲亚大教堂创造出帆拱支撑穹顶的结构技术。凭借帆拱，穹顶下的空间不断向外扩展，大穹顶下伸出小穹顶，小穹顶下再伸展出更小的穹顶。教堂建成后，查士丁尼第一次走进圣索菲亚大教堂，看到那巨大而奇妙的空间，不禁感叹：“感谢上帝，让我创造这样一个奇迹。啊！所罗门，我终于赢了您！”

建筑故事 坠落人间的天使

上帝创造了天地之后，又创造了7个创世天使，天使们具有法力，但没有肉身。第一个创世天使是六翼天使，它掌管光明与黑暗，法力最强，上帝赋予它美丽的外表。它全身长满了宝石般的眼睛，羽毛如孔雀一样泛着五彩的光芒。

而后，上帝创造了第一个人类——亚当。亚当拥有法力，也拥有肉体，令天使们忌妒。上帝要求天使们参拜亚当。高傲的六翼天使和其他几个天使断然拒绝：“我们绝不参拜这个小辈，他应该参拜我们！”他们的话激怒了上帝，上帝命令众天使把叛逆者逐出天庭。

天使大战因此爆发，大部分反叛者被逐出天庭，但六翼天使功力超群，无人能敌。于是，上帝将法力传给亚当，亚当带着“神威”飞起一脚，将六翼天使踢出了天庭。六翼天使没想到上帝赋予了亚当如此大的法力，非常钦佩，他坠落人间后，每天依旧执行自己的使命，昼夜不停地唱圣歌赞美上帝。

涂涂画画 圣索菲亚大教堂帆拱上的六翼天使马赛克壁画

皇后迷宫

建筑故事　王后平乱

狄奥多拉是拜占庭帝国查士丁尼大帝的皇后，她有过人的智慧与勇气，是查士丁尼的政权得以稳固的强大后盾。532 年，拜占庭发生暴动，乱军逼近皇宫，查士丁尼要弃宫逃命，狄奥多拉断然地说："如果只有逃跑才能寻求安全，没有其他办法的话，我选择不逃跑。头戴皇冠的人，不应该在失败时，苟且偷生。我不再被尊为皇后的那一天，是永远不会到来的。皇上，逃命不难，我们有无数金银财宝，还有船。但是您在逃命之后，将会觉得当初宁可拼死，不该偷生！"狄奥多拉的坚决与镇定，令查士丁尼恢复勇气。随后，她安排队伍平定了暴乱，使查士丁尼的政权得以保全。

狄奥多拉皇后的后花园里有个神秘的迷宫，
您能找到钥匙打开宝库大门吗？

皇后迷宫

地下水宫

532 年，查士丁尼皇帝兴建地下水宫，从黑海附近的森林里引入水源，除了供给宫廷用水，还可以满足战争时全城的用水需求。水宫长 140 米、宽 70 米，有足球场那么大，储水量达 10 万吨，当时可供全城人喝一个月，至今仍在使用。水宫内有 336 根 9 米高的科林斯石柱，它们支撑着巨大的砖砌拱顶。

据说，在施工中，一个工人失足跌落而亡，为了驱邪避祸，人们在出事地点的两个石柱下压住女妖美杜莎的头像，一个头朝下，另一个则侧脸向下。

美杜莎本是一位黑眼长发的美女，因狂妄自大，激怒情敌雅典娜，被变成女妖，头上长满毒蛇，谁与她对视，谁就会变成石头。宙斯之子珀尔修斯用镜子将美杜莎变成了石头，然后把美杜莎的头挂在胸前御敌，将敌人变成了石头。后来，人们都效仿他，用美杜莎的头像来驱邪避祸。

美杜莎的头像驱邪避祸。

蛇发女妖美杜莎

建筑故事 水宫泪柱

查士丁尼大帝突然头痛，怎么都治不好，只好去圣索菲亚大教堂祈祷，路过一根石柱时，他头痛欲裂，便倚柱休息，拇指不经意地探入石柱上的洞中，顿感凉爽，过了一会儿，头痛居然不治而愈。此后，每次头痛发作，他都到这根石柱下，抚摸石洞，头痛神奇般地治愈了。

这个消息很快便传开了，头痛或醉酒的人都来触摸石柱，柱上的洞越来越大。这根石柱下面连着地下水宫，渗透着从水宫传上来的湿气，像柱子在流泪，人们便称它为“泪柱”。

地下水宫

有好多鱼啊！

乱世净土

建筑故事　蜜蜂夺城

14 世纪，欧洲出现两个强盛的王国——拜占庭帝国和土耳其帝国。拜占庭帝国发生内乱，奥斯曼土耳其军队趁机攻打拜占庭帝国。1453 年，土耳其军队围攻君士坦丁堡，因远离本土，供给不足，而攻城又无进展，土耳其皇帝心急如焚。这时，一个士兵献上一条攻城计策。次日，土耳其军队前列，出现了一群扛着蜜蜂箱的养蜂人。

军队到达君士坦丁堡城下，养蜂人立即把蜂箱扔上城头。顿时，成千上万只蜜蜂从摔破的蜂箱中飞出来，铺天盖地，遇人便蜇，守城的士兵被蜇得睁不开眼，哇哇直叫，乱成一团。顷刻间，君士坦丁堡便失去了防守能力。土耳其军队趁机一鼓作气发起猛攻，占领了君士坦丁堡。至此，有着一千多年历史的拜占庭帝国灭亡。

土耳其皇帝下令抢杀三日，城中百姓死亡无数，金银财宝被肆意抢夺，唯一幸免的是圣索菲亚大教堂。

土耳其人把这座城市改名为"伊斯坦布尔"，圣索菲亚大教堂改称伊斯兰教清真寺，并在教堂四角加建 4 座邦克楼。伊斯兰教徒认为动物和人像装饰是亵渎神明，于是用灰泥遮盖圣像和天使壁画，再绘上伊斯兰的装饰图案——花草、几何图形、日月星辰、铭文及《古兰经》经文。

伊斯兰教堂内画人和神像是亵渎神明，先用泥盖住原来的装饰，再画上花草、写上《古兰经》。

教堂的四角加建邦克楼！

土耳其人

圣索菲亚大教堂

马可的征宝令

829年，为纪念耶稣十二圣徒，也为了收藏战利品，教皇下令修建圣马可教堂。教堂平面呈等臂希腊十字形，有5个拜占庭式穹顶，内部镶嵌宝石，金碧辉煌，是当时欧洲最大、最豪华的教堂。1075年，教皇发布征宝令，要求每艘从海外返回威尼斯的船缴交一件珍贵的礼物，用来装饰圣马可教堂。

15世纪，哥特时期，教堂增加尖拱、尖塔等装饰。17世纪，文艺复兴时期，又加入栏杆等装饰。

建筑故事　拯救圣地

耶路撒冷是犹太教徒的圣殿城，也是基督教主耶稣诞生与升天的圣地，还是伊斯兰教真主使者穆罕默德升天的圣城。中世纪，耶路撒冷落入伊斯兰教手中，基督教为了“收复失地”，在教皇的带领下，由西欧的封建领主和骑士组成十字军，对地中海东岸的国家，发动了近200年的侵略性“十字军东征”，为欧洲掠夺了大量财富与领土。

圣马可教堂

教皇乌尔班二世胆略过人，十字军东征前，他发表的《拯救圣地演说》激动了整个欧洲的人心，成为掀起这场跨越国界限制的全欧圣战的兴奋剂："如《圣经》所述：耶路撒冷是大地的中心，土地肥沃富饶，遍地流着奶和蜜，黄金宝石随手可拾，是一个充满欢乐的天堂。我们这里到处都是贫困、饥饿和忧愁，连续七年的荒年，到处是凄惨的景象，老人几乎死光了，木匠们不停地钉着棺材，母亲们悲痛欲绝地抱着孩子的尸体。东方那么富有，金子、香料、胡椒俯身可拾，我们为什么还要在这里坐以待毙呢"？

当时的西欧实行长子继承制，许多不是长子的贵族骑士，不能继承遗产，成为"光蛋骑士"，他们往往靠服兵役和劫掠商旅为生。许多缺少土地的领主和"光蛋骑士"在"十字军东征"后，留在圣地，建立了自己的要塞。

教皇乌尔班二世画像

没想到战争这么容易发财！
全民参战 200 年，东征 9 次，
教堂装不下那么多战利品，
不得不扩建成世界最大教堂！

十字军东征的战利品，有无数的
金银珠宝，还有许多大理石柱子，
五颜六色的，他们拆了多少教堂？

圣马可教堂屋顶

方舟圣堂

建筑故事　诺亚方舟

诺亚方舟是《圣经·创世纪》中的一个引人入胜的传说。亚当和夏娃偷吃禁果，被逐出伊甸园。亚当活了 930 岁，他和夏娃生了无数的子孙，遍布整个大地。为了满足物欲，人类互相残杀，暴力和罪恶无法遏制。上帝愤怒了，对诺亚说："我要使洪水泛滥，毁灭这个罪孽深重的世界。你们全家心地善良，我决定救助您和您的家人，作为新一代的人种，和动物的种子一起，重建一个理想的世界。"诺亚遵照上帝的旨意，用歌斐木建造方舟，长300肘、宽50肘、高30肘。"肘"是古代的长度单位，等于从中指指尖到肘端的前臂长度。方舟一间一间的被造好，内外被涂抹上松香，分上、中、下三层，顶部留窗，旁边开门。方舟建完后，诺亚全家和所有的动物都被安排成雌雄一对对的，进入方舟。

2 月 17 日，诺亚 600 岁生日这天，上帝呼风唤雨，降下世纪之灾，毁灭世界。山崩地裂、火山爆发、电闪雷鸣、大雨不停，持续下了 40 个昼夜，洪水四处咆哮，淹没大地，毁掉了地上所有的生物。只留下方舟里的人和动物安然无恙，方舟载着上帝的厚望，漂泊在无边无际的汪洋上，150 天后，搁浅在亚拉腊山巅。

一年后，洪水慢慢退去，诺亚不断放出鸽子，去寻找万物复苏的生机，终于在一个傍晚，飞回来的鸽子嘴里衔来橄榄枝的嫩芽。又过了几天，鸽子们不再飞回来了，诺亚全家放出方舟里所有的动物，去创建新世界。后来，人们因此将鸽子和嫩橄榄枝当做和平的象征。

诺亚全家下山后，在山下的河谷里定居下来，他们的子孙越来越多，成为亚美尼亚人，人们在山谷中种植出第一批葡萄树，并用葡萄酿出了美酒，亚美尼亚也成为圣地之一。在亚美尼亚首都附近的亚拉腊山脚下，有一座建于 303 年的教堂——埃奇米阿津教堂。它是世界上最早的基督教教堂之一。教堂内的鎏金盒里，还保存着当年诺亚方舟的残片，残片上面是镶着宝石的金制十字架，盒子的四周装饰着花纹。

301 年，亚美尼亚定基督教为国教，
基督教首次成为国教。
302 年，格列高利成为第一位亚美尼亚主教。
格列高利曾被囚禁于地穴 13 年，
获得自由后，
他在亚美尼亚的埃奇米阿津修建教堂，
即埃奇米阿津大教堂。

格列高利画像

埃奇米阿津教堂

朗基努斯圣矛：
耶稣被钉死后，
士兵用矛，刺心验尸。

诺亚方舟残片：
残片左下角的缺失部分，
送给了俄国沙皇。

上帝之子

查理曼大帝认为自己是“上帝之子”，于790—800年在宫廷内建造了亚琛大教堂。教堂的八角形穹顶，如同皇冠，融合了拜占庭和法兰克建筑风格的精髓，象征宗教与政治合一、君权神授。中世纪晚期，欧洲各国的君主纷纷效仿查理曼，争先恐后地成为“上帝之子”，在宫中兴建教堂。

查理曼大帝画像

建筑故事 查理曼大帝

中世纪，没有几个人识字，贵族们签字，几乎都是画十字花押来代替。查理曼大帝（742—814年）不但能识字看书，而且勤奋好学，他行军打仗，总会带上几个学者，随时求教。他常说：“提问，是一门重要的学问。”查理曼一生文治武功，深受人们爱戴，他的肖像还被画在扑克牌中的红桃K上。

查理曼身高1.84米，英俊潇洒，智勇双全，喜欢美女，更爱江山，一生向往恢复古罗马的伟业，成为统治欧洲的罗马帝国皇帝。他总是通过与周边国家的联姻，一举两得地娶回公主，又收揽疆土。58岁的查理曼控制整个西欧后，写信给仰慕已久的东罗马帝国女皇依伦娜。当时，依伦娜50岁，风韵犹存。查理曼建议两人结婚，完成欧洲的统一大业。依伦娜对查理曼也神往已久，可是大臣们不愿意放弃自己的权力和地位，他们放逐了女王。查理曼统一欧洲的梦想就此破灭，而后，查理曼发起向古罗马学习的运动，传承罗马帝国的建筑与文化，成为罗马式建筑的引领者。

向古罗马学习！

查理曼有十几个儿女，为了防止女婿们分走他的疆土，他一生都不肯把女儿们嫁出去，打仗时，也把女儿们带在身边，结果女儿们背着老爸自由恋爱，荒唐事不断，令人啼笑皆非。

尽管查理曼费尽心机扩张和维护自己的领土，但他去世后，领土还是难逃被子孙分割的命运。842年，他的三个孙子将帝国分成了三个国家，形成后来的德国、法国和意大利。

亚琛大教堂

查理曼大帝和12位圣骑士战斗前在此祷告，请求神的助力！

罗马风来袭

东西方人对于死亡的理解不一样，东方人的墓地大都远离活人的生活空间，在寂静的山野，西方人的墓地大都在城内，他们把先辈安葬在附近的教堂内，可以随时拜访和凭吊。

在查理曼大帝的影响下，10—12 世纪，欧洲基督教地区盛行罗马式建筑风格。

1063 年，比萨城为纪念守护神圣母玛丽亚建造了比萨大教堂。教堂由大教堂、洗礼室、钟楼和墓地组成，是中世纪罗马式建筑的杰出代表。

建筑故事　伽利略的实验

比萨大教堂精美的叠券廊，使原本高大壮的建筑变得轻盈优雅，伽利略非常喜欢来这里参观。一次，幽暗的教堂内，吊灯在加灯油时，被碰得来回摆动。这引起了他的注意，“每次摆动的时间都相同吗？”伽利略发出这样的疑问。没有钟表，他便用自己的脉搏来验证，“千真万确！”吊灯每次摆动的时间是相同的。伽利略非常惊喜，他又想：“如果吊灯的大小不一样，摆动的时间会有什么不同？挂绳的长短不同又会怎样呢？”

回到家，伽利略找来材料，做了几个摆。他把短摆挂在屋子里，长摆挂在大树上，然后，测定摆动的时间。他发现摆动的时间与物体的质量及摆幅无关，当绳子长时，摆动慢；当绳子短时，摆动快。他还观察到，摆动是有规律的，开始摆幅大，后来逐渐变小，摆速也逐渐变慢，但用的时间一样长。后来，人们根据伽利略的发现，制成了时钟。

比萨大教堂的钟楼高 54.6 米，建造过程中，由于地基沉降不均，钟楼倾斜了 5 米多，伽利略决定在这里进行试验，验证亚里士多德“物体越重，下落速度越快”的理论。他准备好 1 磅重和 10 磅重的两个铁球，来到斜塔上。他和同伴轮流试验，让两个铁球从塔上同时落下，结果不同质量的两个铁球同时到达地面，推翻了亚里士多德的落体理论。

伽利略一生贡献卓越，他倡导数学与实验相结合的研究方法，即“观察现象→发现问题→提出假设→归纳数学公式→通过实验验证公式→对结论进行修正和推广”。这种研究方法是他在科学上取得成功的源泉，也是现代科学重要的研究方法之一。

我支持哥白尼日心说，
动摇了上帝的主宰地位，
被梵蒂冈宗教法庭审讯监禁，
我的书也被禁、被烧。
感谢美第奇家族的赞助与保护，
他们请我教授子女科学，
这是对我最大的支持。

伽利略画像

比萨大教堂

骑士精神

建筑故事　罗兰骑士

查理曼大帝率大军翻越比利牛斯山脉，去征服不信上帝的摩尔人。大军一路所向披靡，势不可挡，攻占了很多地方。

在大军准备进攻摩尔人的老巢时，查理曼大帝安排他的侄子——勇猛顽强的罗兰骑士留守后方。

然而，查理曼大帝手下的一个将领叛变，他勾结摩尔人，率 10 万大军围困了罗兰骑士的 3 万军队。

面对数倍于自己的敌人，罗兰骑士毫不畏惧，没有吹响号角向前方的查理曼大帝告急，他亲率大军奋勇冲杀，消灭了敌人的 10 万大军。而后敌人又派出 20 万大军进攻，当罗兰的军队只剩下他本人和大主教时，他吹响了号角，告诉他们："罗兰和同伴们就要倒下了，替他们报仇！"

奄奄一息的大主教为所有阵亡的将士做着临终祷告。罗兰挥动天使赐予他的圣剑"杜兰德尔"，猛击岩石，试图将剑毁掉，以免落入敌人之手。但是宝剑如此坚韧，他只能将其掷入水中，永远隐藏起来，然后，做临终祷告……

前线的查理曼大帝听到号角，立刻率领大军返回救援，但为时已晚，罗兰骑士已经阵亡。

这个悲壮故事后来被改编成法兰西民族史诗《罗兰之歌》，传扬骑士的八种美德：谦卑，荣誉，牺牲，英勇，怜悯，灵魂，诚实，公正。

中世纪骑士一生恪守骑士准则，他们的生活清苦，通过祷告获得力量。

我将善待弱者，我将勇击强暴。我将与做错事的人战斗，我将为不能战斗之人战斗。

我将有求必应，我将不伤害女人。我将帮助骑士兄弟，我将忠诚对待朋友。

我将真诚于爱。

骑士与帝同尊！

罗曼时期的彩绘玻璃画——查理曼大帝与罗兰骑士

雕花柱式

中世纪教堂西入口处，一般有两座钟楼，拉丁十字中殿交点处设钟塔。建筑从传统柱式中汲取灵感，发展出枝叶、动物、鸟、人物等图案装饰的柱式。

设计创作

设计一款属于你的雕花柱式吧！

建筑故事　螳螂捕蝉，黄雀在后

370 年起，亚洲匈奴人的攻势从欧洲北部向南部压来，乌克兰西哥特王自杀，而号称不败的东哥特王，也率 20 万难民逃到罗马帝国边界，要求避难。东罗马帝国皇帝无力阻挡难民潮，只得招募东哥特成年男子去攻打波斯人。不久，西哥特人也成群涌入罗马帝国境内。东罗马帝国视难民为蛮人，残暴对待，贩卖哥特儿童做奴隶，忍无可忍的东西哥特人联手造反。

哥特人是战争天才，拥有欧洲最勇猛的骑兵，他们虽然打不过匈奴人，但与罗马人交锋，却打出了威风。哥特骑兵冲得罗马骑兵七零八落，然后，像砍瓜切菜一样，追杀罗马步兵，罗马大军全军覆没，东罗马皇帝御驾亲征，也战死沙场。

哥特人的胜利，彻底摧毁了罗马人的信仰，原来所信奉的罗马帝国的荣光、罗马军团不败的神话全都灰飞烟灭，欧洲的一些地区逐渐开始进入了哥特民族统治时期。

涂涂画画　绘出你的五彩柱

骨感哥特

建筑故事 哥特教堂

基督教提倡禁欲主义，认为物质享受越多，离天堂越远，教堂壁画中的人物表情严肃庄重，充满对神的恐惧与敬畏。

12 世纪，法国圣丹尼修道院的主教苏哥是个充满童趣的艺术迷，他向路易七世建议，将修道院扩建成一座令人向往的大教堂——四壁的玫瑰花窗五彩缤纷，墙上缀满石雕，殿堂高大明亮……

10 岁的路易七世，从小在圣丹尼修道院学习，是一个虔诚的基督教徒，他听着苏哥的描述，目光充满着期盼，他不但同意扩建教堂，而且要把它建成皇室大教堂。

苏哥主教欣喜若狂，赶紧开始督建大教堂。教堂建好后，苏哥邀请欧洲各国大主教和王室来参加落成典礼。人们走进教堂时，都惊呆了——阳光映照着彩绘玻璃，洒下宝石般的光芒；石壁上的雕刻变化万千；束柱亭亭玉立；肋架拱扇子般散开纤细的弧线；高大的空间下，人们感觉到自己如此渺小，灵魂仿佛真的在向天国飞升……

“什么人能建成这样的教堂？”人们不断地问苏哥。“哥特人”，苏哥回答。

“我也要回去建一座更高、更五光十色的哥特教堂！”主教们都在心里计划着。

从此，哥特教堂如雨后春笋般在各地兴建起来，更高、更大的彩绘玻璃窗也成为大主教们彼此炫耀的宝物。

英法百年战争和法国大革命期间，圣丹尼大教堂损毁严重。革命高潮过去后，整修工程逐渐开始。1833 年起，开始大规模的修复。可笑的是，维修的时候，建筑师竟然把原先只是开裂的北侧钟塔弄得完全倒塌，最终只好拆除。

该建筑师随即被解雇，换上当时公认最厉害的古迹修复大师维奥列特·勒杜克。维奥列特花了 20 多年时间，也无法修复倒塌的北塔，于是圣丹尼大教堂成了今天这个样子。

圣丹尼大教堂西立面

路易七世与王后画像

路易从小被教育男欢女爱是罪恶，
每次走出王后寝宫，
都痛哭流涕地向上帝忏悔，
并祈祷王后快点怀孕生下王位继承人，
以结束“罪恶”。
路易挑起两次十字军东征，
烧了不少王后的嫁妆钱。
愤怒的王后与路易离婚，
带走陪嫁的两个省，
嫁给了英国国王。

神就是光，他毫无黑暗。
——《圣经》

圣丹尼教堂东环廊室内

兰斯的微笑

传说，中世纪法兰克国王克洛维率领军队在莱茵河畔交战中，得到耶稣基督的援助而转败为胜。后来，国王带领3000名武士，在兰斯大教堂接受洗礼时，白鸽从天而降，衔来装满圣油的瓶子，留下圣油瓶的典故。从此，兰斯大教堂一直是法国的加冕圣地，有25位国王在这里戴上王冠。

兰斯大教堂内外布置2300多个圣像，大门旁的“微笑天使”雕像，神情甜美，造型生动，成为兰斯城的象征。教堂的设计师于格·利贝热死后获殊荣葬在大教堂内，墓碑上镌刻着他的画像——右手捧着大教堂模型，左手拿着直尺、三角板和指南针。

第二次世界大战后，兰斯大教堂损毁严重，葡萄园主和香槟酒商慷慨解囊，出资赞助修复教堂，增添大量的葡萄藤蔓叶装饰的彩绘花窗和柱头，教堂内外被打上香槟之乡的烙印。

建筑故事　少女贞德

英法百年战争中，法军节节败退。1422年，法国国王查理六世去世，年幼的王子准备退隐。在国家危难之时、山河破碎之际，农家少女贞德受“上帝的启示”，三次求见王子，陈述她的救国大计。后来，王子接见了贞德，给了她一支军队，并将“战争总指挥”授予贞德。

贞德不负众望，在奥尔良战役中取得决定性的胜利。而后，贞德鼓励并保护胆小的王子前往历代法国君主加冕的兰斯大教堂，举行加冕典礼，继位成为查理七世。

贞德是一位足智多谋的战术家和成功的战略家，她将一场人民深受其害而又厌倦的王位争夺战，变为一场群情激奋、保家卫国的圣战。她总是随身带着上帝赐予她的神圣军旗，鼓舞着士气。在贞德的指挥下，军队奇迹般地取得一系列不可思议的胜利，扭转了整场战争的局面，让法兰西人民重新看到了希望。

当贞德准备乘势收复巴黎时，却被叛徒出卖，在战斗中被俘。审判中，有人质问贞德：“您是否觉得自己受到天主的恩典？”贞德机智地回答：“如果没有的话，希望天主能赐予我；如果我已得到，希望天主仍给予我。”贞德卓越的才智让审判人员非常惊讶，他们无计可施，只能用欺骗的方式，让不识字的贞德签下了一份她完全看不懂的认罪书。最后，贞德被壮烈地烧死在火刑柱上。贞德的死，唤起法国人民的斗志，她不可征服的勇气激励了她的同胞，法军乘胜追击，收复全部领地，结束了英法百年战争。

在随后的5个世纪里，法兰西人民将贞德奉为神圣的英雄，她的塑像遍布法国的大街小巷，也被供奉在皇家教堂——兰斯大教堂内。

如果没有的话，
希望主能赐予我；
如果我已得到，
希望主仍给予我。

她的圣旗上
有基督啊！

圣女贞德塑像

兰斯大教堂

你是否觉得
自己受到上帝
的恩典？

只用微笑说话的人，
才能担当重任。

微笑天使

火焰哥特

耶稣是犹太人，基督教也脱胎于犹太教。初期，罗马皇帝不喜欢犹太人，认为他们大多是斤斤计较、唯利是图的商人，基督教徒们深受迫害。直到 313 年，君士坦丁皇帝在米兰颁布《米兰赦令》，宣布基督教合法化，基督教才开始迅速发展，开启了西方文明新的一页。基督教很快从罗马帝国传播到世界的每一个角落。

建筑故事　神圣的钉子

耶稣创办基督教后，带着 12 个门徒四处传教。他在罗马传教时，被门徒犹大出卖。耶稣和门徒们共进最后一顿晚餐后，被罗马总督抓走并严刑拷打处以极刑。耶稣被钉死在十字架上。他的一个门徒偷偷地取下一枚带血的钉子，留作纪念。这枚钉子后来传到意大利米兰第一位公爵吉安的手里。

1386 年，吉安下令在君士坦丁皇帝颁布《米兰赦令》的地方，兴建当时世界上最大的教堂——米兰大教堂。吉安希望此举能感动上帝，赐给他一个儿子。不久，吉安如愿以偿。从此，吉安更加尽心尽力地建设教堂，在每个塔尖上都加上神像。教堂内外神像共 6000 多个，他希望神无所不在。

哥特晚期，欧洲的教堂不断提升教堂的高度，建筑如火焰般升腾，米兰大教堂塔尖最高处达 108.5 米，成为火焰派的代表。

教堂建成后，那枚神圣的钉子被收藏在屋顶上。信徒们每年都把它要取下来，朝拜三天。后来，达·芬奇专门设计升降机来运送这枚钉子。

1805 年，拿破仑在米兰大教堂举行加冕典礼时，整修教堂，将其下部改为巴洛克风格。

米兰大教堂的门上镌刻着：
娱我心神者必定短暂，
扰我心智者不会长久，
只有永恒才值得追求。

米兰大教堂

汉莎城门

中世纪晚期，为了阻止海盗的侵扰，北欧沿海各商业城市和同业公会结成经济同盟——汉莎同盟。这个自由贸易联盟从中世纪晚期一直持续到 17 世纪，逐步发展成国际组织，类似今天的欧盟。同盟打败了丹麦王国，垄断了从英国到俄罗斯的海上贸易。

当时，德国吕贝克城是汉莎同盟的总部，汇聚了大量财富，因此人们在此建造了四重坚实的城门作为防御设施。荷尔斯顿城门是第三道城门，为晚期哥特式风格，城门上写着汉莎同盟的口号："对内和谐，对外和平。"荷尔斯顿城的城墙厚达 3.5 米，城门的两个塔楼像桥头堡一样，配备射击孔，楼内有加农炮。敌人兵临城下时，中间城门楼的窗户里，会泼出滚烫的沥青和开水，烫退敌军。

涂涂画画　德国吕贝克荷尔斯顿城门

夏特尔的迷宫

耶路撒冷是基督教圣地，通往圣地的道路像迷宫般曲折，大多数教徒不能到耶路撒冷朝圣，便去教堂朝圣，夏特尔大教堂就是朝圣教堂之一。

朝圣者们来到教堂，沿着迷宫般的道路，走到象征圣地的中心。在这里，人的灵魂可以沿着天梯，到达天主面前。人们祈祷、忏悔、接受洗礼，以期获得新生。在中世纪，虔诚的教徒认为迷宫的道路是一条神圣的“生命之路”，他们不停地朝拜，以洗去罪孽获得重生。朝圣者跪着行进，用膝盖走完全程。

彩绘玻璃最初是因为玻璃含杂质而染色，
染色越深，越古老，
夏特尔的蓝让人难忘！

诗人伊凡・哥尔写道：
你的眼睛像夏特尔教堂的窗，
红、蓝、黄，
闪烁着晶莹的光，
折射着我们的爱，
日日夜夜，地久天长。

涂涂画画　夏特尔大教堂中殿的大理石迷宫

隐修石刻

中世纪，基督教成为欧洲许多国家的国教。教会不断发展，并在欧洲建立许多大学，传授宗教神学。在整个欧洲，教堂建筑兴起，出现了修道院、洗礼堂、钟塔等新建筑，并逐渐形成特有的模式。意大利的教堂一般由教堂、洗礼堂、钟塔三个独立的建筑组成；法国的教堂则综合所有功能在一座建筑内；英国的教堂随着历史的发展形成包括修道院、图书馆等多种功能空间的复杂院落。

建筑故事 修道生活

在中世纪的欧洲，没有王位继承权的王子，从小在修道院学习，准备未来成为教皇。进入修道院首先要通过一年的观察，然后起誓，“守贫穷，守贞洁，守服从”。成为修士后，要静修、读经、祷告、默想，还要干体力活。修道院强调祷告，有的修道院规定每天凌晨两点和四点半、清晨六点、早上九点、中午十二点、下午四点、傍晚六点为祷告敬拜的时间。

中世纪还流行修士隐修生活，与世隔离，强调禁欲，效仿圣徒，吃蝗虫和野蜜。修士们穿衬衫和野生动物的皮，吃面包和盐，住在山洞，下工夫祈祷、默想和赞美上帝，并在山洞石壁上留下了许多精美的雕刻。

涂涂画画 山洞石壁上留下的精美雕刻

哥特民居

哥特人是欧洲日耳曼民族的一支，3—5 世纪，他们侵略意大利，摧毁了罗马帝国。意大利人对这段历史一直难以释怀，认为中世纪的艺术是哥特蛮族的“野蛮”艺术——建筑没有图纸，靠世代相传的技艺建造；一对钟塔的大小、形式各异，杂乱无章。

哥特民居常为全木结构和砖木结构，以高耸的尖顶和裸露的横梁作为标志，很有地方特色。

涂涂画画　哥特民居

摩尔圣殿

建筑故事 无法找回的憧憬

拉赫曼一世带领勇敢而虔诚的摩尔骑士，怀着对家乡故土深深的眷恋，将科尔多瓦建设成为当时欧洲最繁荣富庶、人口最多的城市，同时也是伊斯兰世界最强盛的首都。在这里，他们留下的不是雄伟壮丽的皇宫，也不是热闹的剧场，而是 300 多座清真寺和一座真主无处不在的圣城。

科尔多瓦大清真寺是献给真主的圣殿，代表着摩尔人对天国的美好憧憬：那厚厚外墙，是想象中天国坚不可摧的城墙；那高大的“免罪之门”，是想象中天堂的大门；那些嵌满珠宝的大殿，是想象中真主美丽浪漫的宫殿；那密密麻麻的马蹄叠券柱，是想象中天国一望无际的果园；那精雕细刻的八角星形拱顶，是想象中圣地灿烂的星光，是圣苑挂满枝头、熟透的无花果……

后来，曾拆毁无数清真寺的基督教国王卡洛斯五世，看到科尔多瓦大清真寺被改建时，怒发冲冠，大骂教会，说出一句令无数后人回味的话：“你们为建起一些在我国到处都能见到的东西，而破坏了再也无法找回的东西！”

涂涂画画 科尔多瓦大清真寺

上帝遇到真主

中世纪的欧洲，政治腐败、经济萧条、科技落后，而且思想愚昧，在各方面都无法和当时处于鼎盛时期的阿拉伯帝国相提并论。

711 年，在北非摩尔人总督拉赫曼的率领下，一支 7000 人的阿拉伯“无敌舰队”浩浩荡荡地穿越直布罗陀海峡，进攻伊比利亚半岛（现在的葡萄牙和西班牙）。大军花了 8 年时间，占领了全岛。正当他们打算进一步向欧洲中部进军时，阿拉伯大帝国的中心大马士革发生政变，皇亲国戚惨遭杀戮，总督拉赫曼成为皇室在外唯一的后裔。756 年，拉赫曼带领无家可归的大军定都科尔多瓦。思念家乡的摩尔人再也无法回到北非的家园，无法去圣地麦加朝拜，他们倾尽全部智慧与力量，在西班牙建造壮观的宫殿和华丽的清真寺，弥补失去家园的遗憾，表达对真主的虔诚。

785 年，拉赫曼一世买下基督教哥特大教堂的一部分使用权，之后的一段时间，上帝和真主同居于一个大殿。在教堂厚重的围墙内，一些人向上帝祈祷，而另一些人在诵读《古兰经》。很快，拉赫曼购买了整个教堂，并耗时 2 年改建成清真寺。此后，历任国王不断扩建，到拉赫曼三世时，寺内已经可以容纳 25000 人，成为当时伊斯兰世界的第二大清真寺。科尔多瓦大清真寺的底部和周围是真主的大清真寺，中央和顶部是上帝的哥特式大教堂，真主和上帝拥抱在了一起。

拉赫曼三世曾获得一把大马士革弯刀，他决定把这柄弯刀赠予国家最英勇的战士。国王垂问众臣，众臣异口同赞。众臣在赞美此刀是罕见的宝刀时，都感到此刀有一个小小的遗憾，就是稍微短了一些。王子阿曼佐尔对此发表了不同凡响的见解：“前进一步，刀就够长了！”后来，在阿曼佐尔的指挥下，强大的伊斯兰势力把圣地亚哥夷为平地，并把当地教堂的大门和钟，连同许多石雕带回科尔多瓦，装饰在科尔多瓦大清真寺内。

我要用所有的财富，
在西方建造
一个新的宗教中心。

拉赫曼

你能找出哥特教堂的钟塔、
主教堂和洗礼堂吗？

科尔多瓦大清真寺

末日红宫

在伊比利亚半岛，摩尔人先辈历经艰辛开创出空前繁荣的盛世，令整个欧洲仰慕，但却被糊涂昏庸的后辈们一点点拱手送出。13 世纪，基督徒光复伊比利亚半岛的战场不断扩大，各个城邦逐渐被基督徒所光复，摩尔人在战斗中节节败退。亡国之际，摩尔人的统治者还侥幸寄希望于最后一块领土——格拉纳达王国，他们倾尽所有人力与财富建造了豪华精美的阿尔罕布拉宫，供王室享受。

阿尔罕布拉宫位于西班牙安达鲁西亚的内华达山上，因四周围墙用红色石块砌筑，又称“红宫”。阿尔罕布拉宫由石榴院和狮子院等 6 个庭院和 7 个厅堂组成。宫中的喷泉、水景，全部是来自于山上的泉水。泉水自上而下，因自然落差产生水压，形成喷泉，流进水钵，泄入莲池。

建筑故事　公主楼

在阿尔罕布拉宫的后院里，穿过一个被无花果树、石榴树和桃金娘树浓荫覆盖的狭窄山谷，有一座富于浪漫色彩的摩尔人的公主楼。传说，格拉纳达国王将他的三个女儿关在这座与世隔绝的高楼上，不许她们见任何人。一天，三位英俊的西班牙骑士造访格拉纳达，他们远远地看到楼上三位美丽的公主，于是弹起了吉他。优美的琴声打动了公主们，她们每天都在走廊上倾听骑士们的琴声。天长日久，三位公主决定和骑士们私奔。然而，离开城堡的时候，三公主犹豫了，她选择留下来。此后，两个姐姐和心爱的人过上了幸福的生活，而三公主却在高楼上郁郁而终。

建筑故事　盲乐师

阿尔罕布拉宫建成后，国王常在王宫浴室内一边洗浴按摩，一边欣赏裸女歌舞。为了不让男乐师窥得春光，残暴的国王下令刺瞎了所有的男乐师。

阿尔汗布拉宫内沐浴要分别经过冷室、温室和热室，最后进入沐浴室。民间也修建了大量的公共浴室。但是，基督教统治后，为防止摩尔人在浴室聚会谋反，破坏了所有的公共浴室。

夜晚，随梦闻悠古谜音，月光穿过千万阿拉伯拱，
洒在白色三叶草的墙上。

水，溢出，随即消失。像因怕被发现而强忍的眼泪。
——维克多·雨果

阿尔罕布拉宫公主楼

眼泪山上的叹息石

阿尔罕布拉宫中的狮子院是典型的伊斯兰庭院，十字形水渠中央为 12 只大理石狮喷泉，周围由 124 根大理石柱和马蹄券组成庭院。建筑的漏窗、游廊和洞门纤巧华丽，四壁镶嵌金丝银线，到处铺满彩砖。

建筑故事 36 骑士

在摩尔人最后的统治时期，精美阿尔罕布拉宫狮子院内发生了令人心惊胆寒的屠杀血案。36 位忠勇的骑士，被怀疑对国王不忠，他们被逐个招进这座庭院内，然后被埋伏的刀斧手斩杀。

建筑故事 眼泪山的叹息石

在格拉纳达王朝最后的岁月里，发生了一桩历史上著名的宫廷政变。老国王哈桑为了一个金发美女，与王后发生矛盾。国王幽禁了王后和小王子，性情刚烈的王后带着王子出逃，然后率军讨伐国王。这一仗打了整整十年。这位小王子，就是格拉纳达王朝的末代皇帝波伯迪尔。

宫廷政变后，摩尔人在西班牙岌岌可危的统治更加危机四伏，王朝逐渐走向衰亡。

14 世纪，西班牙光复运动的最后一仗燃至格拉纳达，伊莎贝拉女王亲率十万大军兵临城下，波伯迪尔很快弃城投降。

在阿尔罕布拉宫后的眼泪山上，有一块叹息石。当年，末代皇帝波伯迪尔在此流着眼泪乘船逃亡至北非。他的母亲历经腥风血雨拼死为儿子夺得了王位，却改变不了亡国的命运，只能在此发出最后的叹息：“既然你不能像个男人一样捍卫领土，就别再像个孩子似的哭泣。”

涂涂画画 西班牙阿尔罕布拉宫狮子院

天堂之花

7 世纪初，阿拉伯半岛上的人们崇拜自然，每个部落都有自己的神，社会危机重重，战乱频繁。先知穆罕默德创建伊斯兰教，以“安拉是唯一的真神”为口号，提出“施舍济贫”“和平安宁”、禁止高利贷等主张，建立了阿拉伯帝国。阿拉伯帝国是世界上第一个伊斯兰国家。

建筑故事　天堂在母亲的脚下

有人问先知穆罕默德：“圣人啊，这个世上谁最应当受到我的善待？”先知回答说：“您的母亲。”这人又问：“那么其次是谁呢？”先知答道：“仍是您的母亲”这人又问：“其次呢？”先知的回答仍是“母亲”，当问到第四次时，先知才说：“您的父亲。”

涂涂画画　伊斯兰大理石镶嵌拼画——天堂之花

5　近古欧风

文艺复兴

中世纪，基督教统治欧洲1000多年，科学和文化创新者被视为异端，受到惩戒和压制，欧洲的发展十分缓慢。近200年的十字军东征和英法百年战争等纷争不断，黑死病泛滥，战乱与疾病夺去1/3人口的生命，欧洲满目疮痍。人们发现上帝拯救不了人类，需要复兴古希腊、古罗马时期高度发达的科学文化和自由、平等、理性的人文精神与政治体制。

如果没有华丽的佛罗伦萨大教堂，但丁站在哪里朗诵《神曲》都显得寒碜。

布鲁内莱斯基画像

建筑故事 文艺复兴的报春花

14世纪，美第奇等几个家族控制着欧洲的财富，在他们的推动下，佛罗伦萨迎来了文化的黄金时代，涌现出伽利略、但丁、达·芬奇、拉斐尔、米开朗琪罗、乔托和皮萨诺等杰出人物，他们将佛罗伦萨的文化推向了文艺复兴。

1419年，柯西莫·美第奇委任性格古怪、疯癫的设计师布鲁内莱斯基在近百米高处建造比罗马万神殿更大的佛罗伦萨大教堂穹顶，此前没有人敢尝试这一挑战。布鲁内莱斯基用红砖替代大理石，以减轻穹顶的重量。穹顶设计成内外两层，夹层有楼梯，通向顶部采光亭。布鲁内莱斯基建造了起重器，并用它运送400多万块砖，花了近20年的时间建成这座宏伟的穹顶建筑。它高达115米，穹顶直径达50米。美丽的红顶高耸于蓝天，整个托斯卡纳都能看见。佛罗伦萨为之沸腾，人们称它为文艺复兴的报春花。百年后，米开朗琪罗设计圣彼得大教堂的穹顶时，感叹佛罗伦萨大教堂的美实在难以超越："我只能建一座更大的穹顶，但没那么美。"

圣母圣子两侧是12门徒。

穹顶内画有但丁《神曲》的九重天和《最后的审判》。

佛罗伦萨大教堂

美第奇家族

美第奇家族是13—17世纪欧洲最富有的家族之一。美第奇家族靠制药起家，后又兴办皮革、羊毛等工厂，其产品曾流行于整个欧洲。而后，家族产业又扩展至黄金开采和银行业。

美第奇家族历代族人热心公益，乐善好施，投资兴建了教堂、图书馆、大学、广场和城市雕塑等公共设施。他们大力奖励推进文化发展的行为，关注诗歌、绘画、雕刻、建筑、音乐、历史、哲学、政治理论等各个领域，资助大师们进行创作和研究，还免费展出家族收藏品和书籍，供民众观览。

美第奇家族非常重视教育，不仅聘请著名学者和艺术大师给子女授课，还资助家境贫寒的年轻人才，让他们与美第奇家族的孩子们一同上课学习。美第奇家族人才辈出，还诞生了三位教皇、两位法国王后。

美第奇府邸

美第奇家族诞生了三位教皇和两位法国王后。
以美第奇家族为核心的佛罗伦萨是欧洲的艺术中心。

建筑故事　骑毛驴凯旋

15世纪，科西莫·美第奇在执政期间曾面临重大危机，他被阿尔比奇家族赶走并流放。但是阿尔比奇统治无能以致财政空虚、兵败米兰、内乱爆发。后来，350人投票表决，请科西莫回佛罗伦萨执政。欢迎科西莫的民众挤满大街小巷。为避免引起骚乱，科西莫等到天黑，才带着一个仆人，从小道进城。对此，诗人马基雅维利说："几乎没有任何一个公民的凯旋，像被流放回来的科西莫一样，受到如此的欢迎和爱戴。"

柯西莫在位期间，美第奇家族按照比别人高很多的标准缴纳税金，1434—1471年，美第奇家族捐出金币超过66万枚。柯西莫一直过着简朴的生活，别人骑高头大马，他只骑小毛驴。

1430年，柯西莫想修建一座私人府邸，佛罗伦萨最杰出的建筑师布鲁内莱斯基为他设计了一套豪华的府邸方案。美第奇家族其他成员对这个方案很满意，认为府邸建成后将是佛罗伦萨最美的建筑。但柯西莫却犹豫不决，他还想听一听公众的意见。不久，有人对柯西莫说："您的家比天主的家还气派，这是罪过。"柯西莫觉得有道理，认为百姓的忌恨比什么都可怕，朴素的设计更适合美第奇家族。最后，他选择了米开罗佐的设计方案，修建了一座庄重古朴的建筑。

我设计的达·芬奇衣领，
用恩师的大名命名，
他很开心！

法国王后玛丽·德·美第奇画像

环宇圣殿

建筑故事　宇宙的象征

1298 年，威尼斯商人马可·波罗留下了一本有趣的游记《东方见闻录》，书中描绘的伟大而神秘的东方古国——中国令西方世界无限向往。15 世纪，地圆说盛行，但一直没有得到证实，哥伦布请求西班牙国王斐迪南二世和女王伊莎贝拉一世资助他从海上向西航行寻找东方。斐迪南二世和伊莎贝拉一世同意了哥伦布的请求。但是，水手们却不愿参加这次远航，他们担心会葬身鱼腹。国王只好挑选一批死囚给哥伦布当水手。1492 年 8 月 3 日，哥伦布带着给印度君主和中国皇帝的国书，和他的敢死队扬帆出海了。

1492 年 10 月 12 日，哥伦布航行到达美洲。1493 年 3 月 15 日，哥伦布带着抓获的 10 名印第安人俘虏回到西班牙。哥伦布的远航证实了地圆说，震惊了整个欧洲。西班牙国王和女王继续资助哥伦布航行，哥伦布先后四次登陆美洲。直到 1506 年逝世，哥伦布一直都认为他到达的是东方。

这一时期，国王和女王投资兴建了坦比哀多礼拜堂。建筑师伯拉孟特在教堂的设计中，以一层层同心圆的布局象征地圆说，体现人们对宇宙的最新理解。

涂涂画画　坦比哀多礼拜堂

香波堡蝾螈

弗朗索瓦一世是法国第一位文艺复兴式的君主。他即位之初，法国宫廷里只有少量油画，雕像作品一个也没有。于是他派人从意大利收购文艺复兴巨匠的作品，还吸引艺术家们来法国居住和创作。安德里亚·德尔·萨托、列奥纳多·达·芬奇和普利马提齐等纷纷接受他的邀请，为法国宫廷增添了众多辉煌的艺术品。

弗朗索瓦一世对建筑有浓厚的兴趣，他一边翻修旧的王宫，一边兴建枫丹白露宫和安布瓦城堡等新建筑，并把卢浮宫从一座简单的要塞变成了艺术博物馆。他时常带着自己的设计草图去向达·芬奇请教。

1519 年，弗朗索瓦一世决定建造香波堡，并邀请达·芬奇设计这座城堡。达·芬奇在香波堡外围设计了一圈画廊，在城堡内设计了 365 间套房，每间套房都装有壁炉和烟囱，国王可以每天换一间套房，欣赏不同的室内外景致。达·芬奇还按照弗朗索瓦一世的要求，为城堡设计了独特的双螺旋楼梯。城堡的下部受到文艺复兴风格的影响，外观严谨对称；而上部收顶时，又受到巴洛克风格的影响，高耸起华美奇特的圆锥形塔。

弗朗索瓦家族认为蝾螈能火中求生，是除恶扬善的象征，将它作为家族标志。香波堡里，到处装饰着头戴王冠的蝾螈形象，寓意着蝾螈喷水熄灭邪恶之火、吞下正义之火。

弗朗索瓦十分敬重、关心达·芬奇。达·芬奇晚年病重，弗朗索瓦天天陪伴在他身边，直到他去世。

双螺旋楼梯

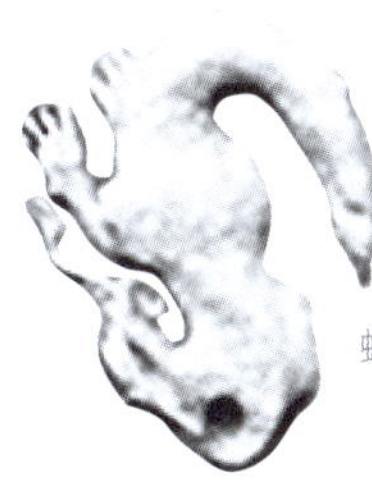

蝾螈

香波堡

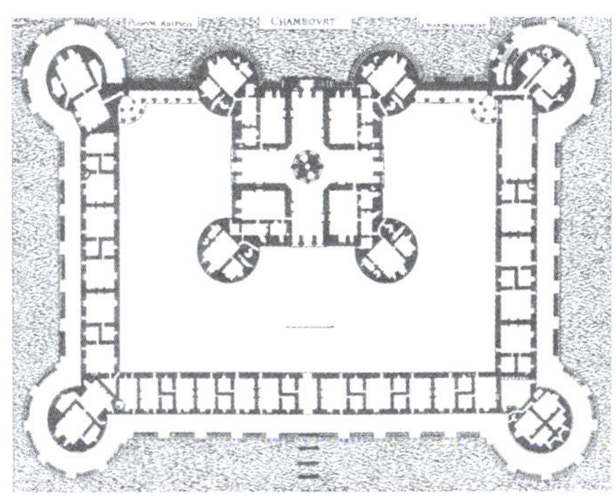

香波堡平面图

明察无言

伊丽莎白一世，即伊丽莎白·都铎，是都铎王朝最后一位君主。1533 年，她出生于哈特菲尔德庄园。这座庄园是伊丽莎白童年的住所，在英国皇家园林中具有重要地位。庄园布局规整，有西园、香园、结纹园、日晷花园、迷宫等。迷宫是欧洲庄园的传统景观，供人们休闲游戏，通常由乔木和矮灌木形成。人们每年播种，种出各种形状的迷宫：树迷宫、水迷宫、石迷宫、木迷宫、镜子迷宫……哈特菲尔德庄园迷宫的面积和复杂程度在世界园林史上都是屈指可数的。

我观看，
而且我沉默。

女王擅长十四行诗，
翻译诗集《诗歌艺术》。

伊丽莎白一世画像

建筑故事　死狱女王

在伊丽莎白一世三岁时，母亲被父亲亨利八世处决，她被宣布为私生女，从公主变成同父异母的弟弟爱德华的女佣。由于身份特殊，她被宫廷斗争的阴谋和迫害包围，甚至被关进令人毛骨悚然的“死狱”伦敦塔内。但身处险境的伊丽莎白从未失去信心，她注重自己的形象和身份，谦虚真诚地对待身边的人，勤奋学习，饱读各国巨作，精通六国语言，才华横溢。

1558 年，饱经凄风苦雨的伊丽莎白继承英国王位。伊丽莎白为人谨慎，明察无言，具有一种能赢得民心的天赋和风采。她能把温和与尊严结合在一起，庄严地俯身向最卑微的臣民致意。她勤勉努力，开张视听，明察秋毫，一举一动都深思熟虑，处理得恰到好处。她的眼睛观望着一个人的表情，她的耳朵倾听着另一个人的声音，她的心里在思考着第三个人的意见，而她的嘴巴正在和第四个人交谈。她的精神似乎无所不在，全神贯注地关注着周围每个人的一言一行。她时而同情，时而称赞，时而感谢，时而诙谐机智地戏谑嘲弄。她不责备任何人，也从不忽略任何礼仪，她微笑地面向众人，仪态优雅大方……

伊丽莎白在位 45 年，将英国建设成欧洲最富强的国家之一。这一时期，涌现出莎士比亚、弗朗西斯·培根等著名人物，被公认为英国的“黄金时代”。

伊丽莎白终身未婚。议会多次恳请女王择婿，为王室留下继承人，伊丽莎白戴上结婚戒指回应说：“我已经献身于一个丈夫，这就是英国。”女王去世时，身边的人从她手上取下了那枚结婚戒指。后人们把《仙后座的传说》献给她，希望她在天国能够找到自己的真心爱人。

建筑故事 仙后座的传说

很久以前，一位英俊的王子爱上了邻国美丽的公主，公主认为王子不够完美，所以一次又一次地拒绝了他的求婚。

王子每次求婚都会说："公主，我爱的并不是您的美貌，而是您善良、智慧的心灵。您宽容的胸怀，一次次从断头台上救出无辜的犯人。您温柔的话语，一次次安抚了反叛的暴徒。您敏锐的目光，让国家安稳地前行。是您让这片土地国泰民安，丰衣足食。可是，骄傲的公主，美貌盖住了您的双眼，让您看不清自己最美的其实是您的心。"

每次公主听后，都会生气地说："完美的女孩应该拥有完美的爱人，为什么我要嫁给不够完美的王子您呢？"

"可是，公主。世界上有完美的爱人吗？如果真的有，他并不爱公主您，那又该怎么办呢？我就在您的面前，并深深地爱着您，随时听候您的召唤。"王子毫不放弃地努力着。

哈特菲尔德庄园

每当这时，公主总是毫不客气地对王子说："我会等着那个完美的人出现。请您回去吧！"就这样，日子一天天地过去了，公主始终没有答应王子的求婚。

一天，公主的城堡着火了，公主被大火包围，无处逃生，被烟熏得晕了过去。当她睁开眼睛的时候，看到英俊的王子带着满脸的烟尘凝望着她。

王子看到公主醒来，高兴地说："没想到那么完美的城堡也会失火！幸好您没事。"

公主怯生生地问："是您救了我吗？王子。"

"是的，这本来是我的第 99 次求婚。"

"可以给我一面镜子吗？"

王子犹豫了一下，回答："您的城堡被烧毁了，只能到我的城堡去找镜子。您愿意嫁给一个不够完美的人吗？"

公主看着城堡的废墟，叹息道："也许，我只能度过不够完美的一生了！"她答应了王子的求婚，并跟随王子来到他的国家。王子一脸幸福地牵着公主的手出现在臣民面前时，所有的人都惊呆了。人们目不转睛地看着公主，小声议论着，"这就是全世界最美丽的公主吗？""她就是王子最心爱的公主吗？"

公主用微笑回答他们，她优雅地向人们挥手致意。人们从震惊中平静下来，也开始友善地向公主挥舞手中的帽子和手帕。

王子和公主回到王宫，开始了新生活。公主辛勤地帮助王子打理国家事务，一直忙到王后加冕典礼前，才得空拿起镜子……

"天哪！"公主捂住脸尖叫起来。镜子里是一张被大火烧伤、满是伤疤的脸。

"可是，人民热爱您。"王子温柔地说，"人民需要的不是美丽的花瓶，我深爱的更不是美丽的容貌。您智慧的心灵将是国家永远的依靠。请帮助我，让这个国家永远安定！"

公主终于放下了她的骄傲，她对王子说："不，我应该感谢您和您的人民。你们没有因为我的容貌而嫌弃我、讨厌我，你们宽容地接纳了我，原谅了我从前的任性。有这样的国王和人民，这个王国怎么可能会走向不安和毁灭呢？"

从此，王后用她的智慧与善良来帮助国王治理国家。当国王失去理智发脾气时，她冷静而温柔地开导他；当暴徒来袭时，她宽容地规劝，使他们洗心革面；当他国侵犯时，她布满伤疤的脸上绽放出友善、亲切的微笑，让敌人惭愧地退去……

王后渐渐老去，但在臣民心中，她是最美丽的。后来，王后病倒，即将离开人世，神来到她床前："您是最完美的王后，我希望所有人都能永远看到您的完美，跟我到天上去吧！"王后摇了摇头说："我并不完美，特别是我年轻时。您可以带走这顶王冠，它是国王带给我的完美的王冠。带去吧，让所有人都记住他们伟大的国王吧！"

于是神带走了王冠，并把它镶嵌在北方的夜空中。

迷宫

中世纪都铎时期的田园情调

巴洛克明珠

自 17 世纪 30 年代起，意大利教会的财富日益增加，各个教区争相建造巴洛克风格的教堂。这些教堂大量使用 S 形曲面和夸大的尺度，追求豪华、热烈、动感效果 。

顶部椭圆盘里的高浮雕坠落后，怎样装饰一下呢？

建筑故事　欢喜冤家

波洛米尼和贝尼尼是 17 世纪意大利建筑领域的两颗耀眼的明星，被称为“巴洛克双雄”，他俩也是较量了一辈子的对手。两人针锋相对的态度和完全不同的性格，造成了两人完全不同的建筑风格。贝尼尼开朗自信，而波洛米尼忧郁内向。贝尼尼特意把圣卡罗教堂的设计任务安排给波洛米尼，以避免两人争夺圣彼得教堂的设计任务。波洛米尼却愤怒地指责贝尼尼，认为他窃取了自己的设计方案。

波洛米尼在设计圣卡罗教堂时大胆创新，创造了起伏的墙面和断掉的山墙，大胆地运用突兀的形状产生丰富的光影。教堂建成后，有人嫉妒，有人不理解，古典主义者指责波洛米尼的设计堕落、炫耀、怪诞、离经背道……波洛米尼不堪重压，自杀了。

令人意想不到的是，圣卡罗教堂后来竟成为巴洛克建筑的典型代表。那如波浪般起伏的立面、断开的山花、突兀的线脚、夸张的高浮雕……都成为后代设计师模仿的对象。

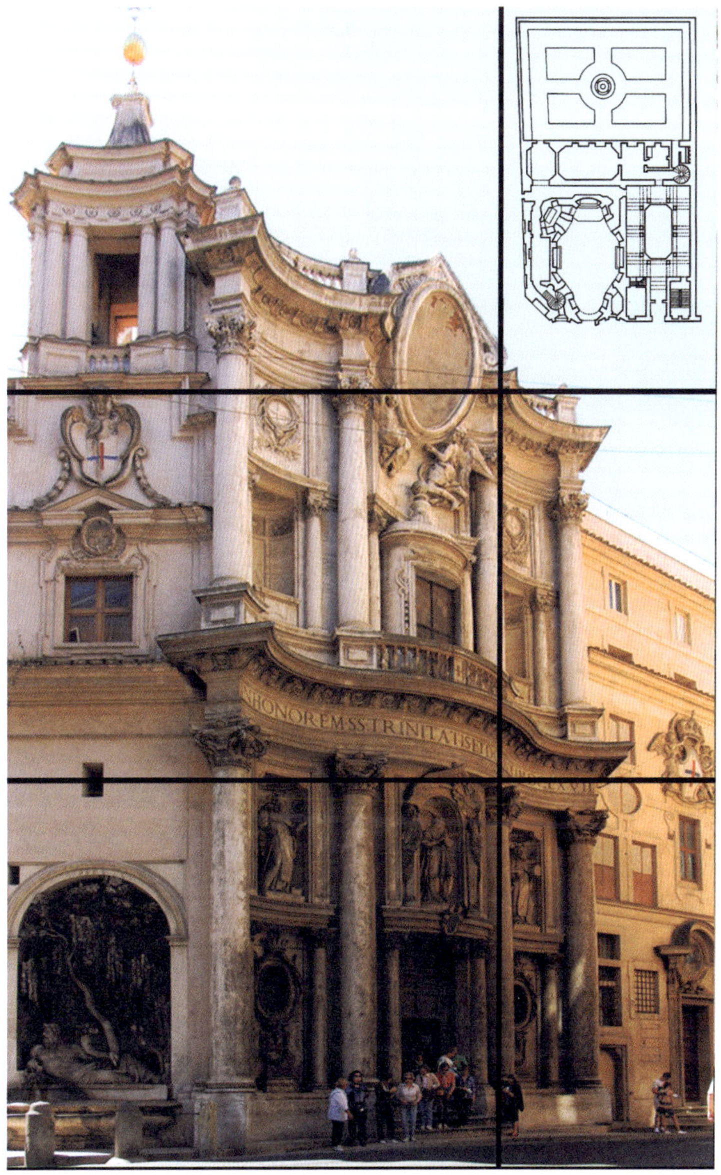

罗马圣卡罗教堂

学霸论画

阿尔贝蒂是意大利文艺复兴时期的一位通才，他精通建筑学、法学、神学、语言学、文学、数学、物理学和艺术，写有诗歌、戏剧以及道德和哲学方面的散文。阿尔贝蒂痴迷于建筑与艺术，提出了透视图几何原理，撰写了《论绘画》《论雕塑》《论建筑》等著作。他认为："自然是有缺陷的，需要艺术家进行修正。古人画安提柯的肖像，只从他没有被打瞎眼睛的一面去描绘他。伯利克里的头长得难看，所以艺术家们刻画他戴的头盔……艺术创作的核心，是使作品具有最有价值的自由思想和高尚灵魂。"

1470 年，阿尔贝蒂改建意大利佛罗伦萨新圣母玛利亚大教堂，将原来哥特晚期火焰派风格改为巴洛克风格。

涂涂画画　新圣母玛利亚大教堂

沙皇胜殿

俄国沙皇向往土耳其的君士坦丁堡，想把莫斯科建设成基督教中心。沙皇的军队每次出征归来都要建造一座教堂：打了胜仗，修建感恩教堂；打了败仗，修建赎罪教堂。重要的皇室成员出生、去世或举办庆典之后，也要修建教堂。

1156 年，尤里·多尔戈鲁基大公开始兴建克里姆林宫。15—17 世纪，沙皇聘请意大利大师来主持设计，为克里姆林宫的围墙增添了 20 座塔楼。1625 年建造的斯巴斯基塔高达 80 米，塔上装有直径 6 米的大钟，钟面以黄金铸成。大钟每 15 分钟报时一次，12 点整时鸣奏进行曲。宫内的教堂广场四周围绕着十二使徒堂、圣母升天堂、天使报喜堂和圣弥额尔堂这 4 座教堂。

建筑故事　俄罗斯的里程碑

在俄罗斯对蒙古的战争中，沙皇伊万四世受到基督教 8 位圣人的帮助取得胜利。为感谢这 8 位圣人，伊万四世在克里姆林宫墙外建造了华西里·伯拉仁内教堂。建筑师在教堂中央设计了一座俄罗斯传统帐篷顶，高 47 米，象征着上帝的至高无上。周围布置 8 座洋葱顶，象征着在基督教的每个节日，沙皇都打胜仗。洋葱顶色彩鲜艳，造型多样，如同欢庆胜利的烈焰。教堂建成，沙皇非常满意。但自私的他为了防止建筑师设计同样美丽的教堂，竟派人弄瞎了建筑师波斯特尼克·雅科夫列夫的双眼。

俄罗斯民族独立后，民族意识日益高涨，华西里教堂成为俄罗斯建筑的里程碑。从此，俄罗斯建筑不再模仿拜占庭风格，而形成了独具特色的民族传统建筑风格。

涂涂画画　华西里·伯拉仁内教堂

莫问明天

圣彼得大教堂是欧洲天主教徒的朝圣地与梵蒂冈罗马教皇的教廷，是世界第一大教堂。1506 年，教皇朱利奥二世下令重建，工程长达 120 年，凝聚了布拉曼特、拉斐尔、米开朗基罗、贝尼尼等 100 多位建筑师的智慧。

《圣母哀痛》

建筑故事　母亲的怀抱

14 岁时，米开朗基罗遇到了劳伦佐·美第奇。劳伦佐非常欣赏这个机灵而有才能的孩子，把他带回美第奇府，让他和自己的子女一起学习生活，还送给他一件紫色大衣，每月给他 5 枚金币。

在美第奇府，米开朗基罗接触到世界各地的学者、作家和艺术家，从他们身上获得了丰富的精神食粮。米开朗基罗和美第奇一家经常在饭桌上讨论，他喜欢劳伦佐的诗句——“青春虽然欢乐却并不长久，让我们尽情歌舞吧，莫问明天是否吉祥”。这一时期是米开朗基罗一生中的幸福时光。

劳伦佐去世后，23 岁的米开朗基罗来到罗马，为圣彼得大教堂塑造圣母雕像《圣母哀痛》。他充满自信地在申请书上写道：“此作品将成为当今无人能够逾越的作品。”米开朗基罗 6 岁时失去母亲，他把自己对母亲的所有美好记忆与眷恋，都雕刻在了这件作品里。圣母面容柔美而安详，抱着儿子耶稣的尸体，饱含着爱和深情，她身上的衣裙呈现出流水般轻盈细小的纹褶。

圣彼得大教堂穹顶

雕像的塑造工作快要结束了，米开朗基罗也即将离开，晚上，他把自己锁在教堂里，他想在“母亲”身边多待一晚，为她整理头纱，拂拭衣裙……离去前，米开朗基罗平生第一次，也是最后一次，把自己的名字和家乡刻在圣母像胸前的饰带上，他希望母亲能永远在家乡和自己在一起，希望自己永远在母亲的怀抱中。

雕像完成后，人们蜂拥而来，被这美丽而圣洁的雕像所感染和震撼。

圣彼得大教堂

圣女神泉

罗马是世界上喷泉最多的城市，被誉为喷泉之都，其中特莱维喷泉最负盛名，是罗马城的象征之一。

特莱维喷泉

建筑故事　断水困城

537 年，哥特 15 万大军围攻古罗马，人数是罗马军队的 10 倍。双方对峙持久，难分胜负，哥特人想出一条毒计，切断了罗马的水源。罗马城内缺水，不断地有人晕倒过去。

这时，一个少女建议："我们不能坐以待毙。大家一起在以前的水井附近寻找泉眼，齐心协力挖出水来吧。"她带领绝望的军民迅速行动起来。人多力量大，不久，他们挖出一个泉眼，泉水汩汩而出。绝望的罗马军民看到了生机，立刻在全城到处挖掘……

哥特军队围困罗马城一年多，惊奇地发现城内的居民和军队并没有受到饥渴的折磨。他们没有想到，罗马人已经在城内挖出了 3000 多眼泉水，不仅解决了饮水问题，还种菜养鱼，牛肥马壮。

哥特军队却因长期劳师远征，后勤供给差，粮食不继，人疲马乏，最后不得不失望地撤军。

1732 年，人们为纪念带领罗马人走出绝境的少女，决定在当年挖出第一眼泉水的地方修建特莱维喷泉，并称之为"圣女喷泉"。教皇克雷芒十二世主办喷泉设计大赛，设计师尼科洛·萨尔维获胜，他以罗马神话中的海神战胜归来为主题构建这座喷泉。尼普顿手持三叉戟，驾铜蹄金马战车，与兄弟团结战斗，推翻了父亲的残暴统治，成为海洋之神，掌管所有水域。海神尼普顿手中的三叉戟不仅是武器，还可以击石涌泉，浇灌大地，使农民五谷丰登。喷泉以当时的公爵府为海神宫背景，建筑、雕塑、山石、喷泉、水池相融合，气势非凡，成为巴洛克建筑的杰出代表。

喷泉建成后，便流行一个传说：只要背对喷泉，将一枚硬币抛入水池里，将来便会再次回到罗马。所以，人们又称特莱维喷泉为许愿泉。

每天清晨，教堂派人收集池中的硬币，然后捐给教会医护所。游客们扔进池中的硬币，最终化为人性关怀，帮助了他人。许愿成为善举，从这个意义上说，特莱维喷泉是一座圣泉。

背对喷泉，
抛一枚硬币到水池里，
会再次回到罗马。

海神波普顿雕像

这里的石头会唱歌

乔凡尼·洛伦佐·贝尼尼多才多艺，能文善画。人们称他为巴洛克时期首席设计师。后人这样评价他："上演了一出大众戏，布景是他画的，雕像是他刻的，机械是他发明的，音乐是他谱的，剧本是他写的，就连剧院也是他建的。"

贝尼尼最大的成就是雕塑，他的雕塑作品富于动感和活力，他创作的《圣德勒撒的灵魂超拔》《阿波罗与达芙妮》《大卫》《四河喷泉》等是雕塑史上难以超越的不朽名作。

乔凡尼·洛伦佐·贝尼尼自画像

建筑故事　大师的败笔

贝尼尼和波洛米尼都是梵蒂冈教廷御用建筑师，尽管波洛米尼在工程和数学上更胜一筹，但贝尼尼的名声一直高过波洛米尼。两人曾为建造圣彼得教堂青铜华盖而共同工作，但是贝尼尼独揽功绩，两人关系因此恶化，变成了死对头。后来，教廷委托贝尼尼把圣彼得教堂的两座钟楼改造得更加高大、威严。贝尼尼忽略了地基的承重极限，设计的两座高塔钟楼比原钟楼重 35 倍。第一座钟楼建成不久，楼体就开裂了，裂缝甚至蔓延到教堂主体。教廷立刻任命波洛米尼调查事故原因，并下令拆除了钟楼。这件事使贝尼尼的名誉一落千丈，再也没人敢找他设计建筑了。

建筑故事 阿波罗与达芙妮

一天，阿波罗看到爱神丘比特拿着弓箭玩耍。他警告丘比特："弓箭很危险，小孩子不要拿着玩。"丘比特听了，心里很不服气，趁阿波罗不注意，用爱情之箭射中他，阿波罗立刻产生强烈的爱意。当美丽的少女达芙妮经过时，调皮的丘比特用憎恶之箭射中达芙妮，达芙妮心里立刻生出对爱情的厌恶之情。阿波罗对达芙妮一见钟情，情不自禁地向她表达爱慕之情，达芙妮却飞奔而逃。

阿波罗拿起竖琴，弹起优美的曲子。达芙妮被琴声吸引，停下了脚步。躲在石头后面的阿波罗立刻跳出来，想要拥抱达芙妮，达芙妮惊慌地逃跑了。阿波罗紧追不舍，达芙妮急得大叫："救命！"河神听到求救声，立刻把她变成了一棵月桂树。达芙妮的秀发变成了树叶，胳膊变成了树枝，腿变成了树干，脚变成了树根，深深地扎入土里。

痴情的阿波罗伤心地抱着月桂树，哭泣着说："您虽然没能成为我的妻子，但是我会永远爱着您。我要用您的枝叶做我的桂冠，用您的树干做我的竖琴，用您的花装饰我的弓。我要赐您永远年轻。"从此，月桂树终年常绿，备受人们青睐。

《阿波罗与达芙妮》

意大利雕塑家济安·劳伦佐·贝尼尼创作的雕塑作品

巴洛克天际线

设计创作

冬雪下的巴洛克街景美丽、迷人，如果你向右接着画，会看到更美的风景。

子爵华府

沃勒维孔特城堡，世称子爵城堡，它的第一任主人尼古拉斯·富凯出身贫寒，但雄心勃勃，26岁便成为议员。1657年，32岁的尼古拉斯·富凯成为法国国王路易十四的财政大臣，开始修建子爵城堡。他请来著名的建筑师路易·勒沃、园艺师安德烈·勒诺特和画家查尔斯·勒布伦，三位大师的完美合作，使子爵城堡成为欧洲园林的蓝本。

城堡位于一座方形水池的中央，周围有喷泉、花园和森林环绕。1千米长的横向运河从花园中心流过，黄杨木和红砂岩拼出地毯般的草坪图案，变化各异的喷泉和水池像镜面一样，镶嵌在花坛之间。巴洛克园林的约1千米长的纵向轴线，将人的目光引向远方天际。

上流社会对丝绒和水晶吊灯趋之若鹜。

寝宫

建筑故事　令国王嫉妒的城堡

子爵城堡建成后，尼古拉斯·富凯在城堡内举行宴会，以示庆祝。在庆祝晚宴上，法国权贵云集。花园里2000盏烛光和焰火齐明，250座喷泉飞瀑跳跃飞洒，光影交织，气势恢弘。法国国王路易十四看到此景，想到自己陈旧的枫丹白露宫，心生嫉妒，当晚便囚禁了尼古拉斯·富凯，并带走设计建造子爵城堡的三位大师，命令他们设计更加宏伟气派的凡尔赛宫。

法国著名作家伏尔泰对这场宴会曾这样评述："八月十七日，凌晨两点，富凯什么都不是了。他被捕后，很快就被判处终身囚禁，被匿名送往阿尔卑斯山的一处监狱，在那里郁郁而终。"

子爵城堡

子爵城堡全景

凡尔赛迷园

路易十四想把巴黎打造成世界之都，使这座城市成为全世界的榜样，他不惜血本，大兴土木，在巴黎建造了大量宏伟的房屋、广场和剧院，扩建了卢浮宫，还将路易十三的狩猎农庄改建为规模浩大的凡尔赛宫。

巴洛克艺术伴随着路易十四的宏伟宫苑的兴起，而日渐成熟。曾经设计子爵城堡的三位大师，按照路易十四的要求设计了凡尔赛宫。宫苑占地 111 万平方米，建筑面积达 11 万平方米，喷泉有 1400 个，十字形的大运河长 1.6 千米。花园内散布着丛林、花径、温室、柱廊、神庙、村庄、迷园、动物园和众多的大理石雕像。宫内金碧辉煌，到处是夸张的线脚、巨大的圆雕。

凡尔赛宫建成后，轰动了整个欧洲，各国争相仿效。俄国沙皇彼得一世的圣彼得堡夏宫、奥地利女王玛丽亚·特蕾西亚的维也纳美泉宫、普鲁士国王腓特烈二世的波茨坦无忧宫、巴伐利亚国王路德维希二世的海伦希姆湖宫，都仿照了凡尔赛宫的设计。巴洛克无限延伸的轴线以及大广场和大花园构筑出宏大的气氛与空间层次，一直影响到现代城市规划与园林设计。

凡尔赛宫过度追求宏大奢华，使用却不方便。寝宫豪华气派，却不保暖，热腾腾的饭菜从厨房送到餐桌上都变凉了。宫内也没有厕所和盥洗设备，但路易十四并不在意，因为他一生只洗过 7 次澡。而王子们则嫌木马桶味道大，经常在壁炉内方便。

1667 年，路易十四下令将巴黎的泥土路铺上鹅卵石，并修筑世界上第一条林荫大道—— 香舍丽榭大道。还下令在马路旁添加夜间照明设备，使巴黎成为世界上第一个有街灯的城市。为了这项工程，国家专门增加了蜡烛税，用来支付蜡烛的消耗。这一举措，不久就被欧洲各大城市竞相效仿。1676 年，路易十四花费重金买来天鹅，放于塞纳河边，为巴黎增添自然情调。

路易十四画像

我是太阳王，
尽管身高只有 1.54 米，
但是我痴迷芭蕾舞，
穿上高跟鞋，
出演过 21 部芭蕾舞剧。

凡尔赛宫

建筑故事 远交近攻

路易十四（Louis XIV，1638—1715）5 岁登基，自称“太阳王”。路易十四在位 72 年，使法国成为欧洲最强大的国家和文化中心，使法语成为 17—18 世纪欧洲的通用语言。

路易十四实行“远交近攻”的外交政策，向康熙王朝派出使节，并赠送 30 多箱科学仪器。法国使节献上的金鸡纳霜治好了康熙的顽疾，他们还帮助康熙完成了中俄东北边界问题的谈判，并参与绘制地图《康熙皇舆全览图》。而在欧洲，路易十四不断地向邻国扩张法国领土，与荷兰、西班牙等国不断交战，迫使周边国家形成日益壮大的反法同盟。

建筑故事 时尚之王

路易十四热衷于赞助时尚与艺术。他对自己 1.54 米的身高十分不满，认为这与自己的地位不匹配，便请鞋匠给他制作高跟鞋，以弥补身高的不足。路易家族有头发稀疏的遗传史，路易十四也不例外，爱美的他每天都带着浓密的假发。当时，欧洲流行梅毒，浴场是主要传播场所，原本就不愿洗澡的路易十四，更是借此终年不洗一次澡。他不停地用香水掩盖体味，并形成极为独特的香水喜好与品位。巴黎美爵、太阳王香水都是他亲自调制出的香水种类。路易十四痴迷舞蹈，先后出演 21 部芭蕾舞剧。在他的影响下，当时法国贵族都争相穿高跟鞋，戴假发，涂脂抹粉，夜夜歌舞。

建筑故事 镜子谍战

17 世纪，威尼斯垄断着制镜产业，法国的制镜产业一直处于下风。路易十四偏爱用镜子装饰宫廷，花费惊人，由此引发了法国和威尼斯之间的制镜产业大战。

路易十四决定不惜代价引进威尼斯的制镜技术。制镜技术是威尼斯的国家机密，威尼斯法律规定，将技术传到国外的镜匠，必须在规定期限内回国，否则，亲属入狱，抗拒者将被处死。1665 年，法国秘密组织威尼斯镜匠偷渡到法国做工，并开设皇家制镜厂。威尼斯发现后，强迫多数人回国，法国则重赏愿意留下的镜匠。威尼斯伪造信件，冒充镜匠们的妻子，央求他们回家。法国以牙还牙，伪造丈夫回信，请妻子来法国，并派人协助她们偷渡。气急败坏的威尼斯使出狠招，派人到法国挑拨离间。镜匠们发生内斗和枪战，又遭人投毒暗算，恐慌之下，纷纷回国。这时，法国已经彻底掌握制镜技术。

1682 年，凡尔赛宫用法国皇家制镜厂生产的镜子装饰出当时世界上最大的镜厅。镜厅镶嵌 17 面落地镜，是凡尔赛宫的镇宫之宝，成为路易十四接见各国使节和举行大型招待会的专用宫殿。

几年后，法国制镜产业逐渐超过威尼斯，法国成为第一镜子制造国。法国镜子行销全球，给法国带来了巨大的商机。

夏宫戏水

1703 年，为拓展海防，迎战瑞典，俄国沙皇彼得一世下令建造一座新的城市——圣彼得堡，并邀请欧洲顶级建筑大师、工匠，效仿凡尔赛宫，设计兴建了彼得宫（夏宫）。彼得一世曾周游欧洲，收集了大量的欧洲宫殿资料，彼得宫的很多设计图纸均出自他之手。

彼得宫沿山坡向海湾布置了法式上花园、巴洛克式宫殿和意大利式下花园。

下花园里，海运河直通波罗的海。彼得一世战胜瑞典，从波罗的海凯旋时，乘船经过海运河直接回宫。下花园里装设了奇趣、壮观的喷泉。林荫大道上隐藏着机关陷阱，一不小心踩到，或是被突如其来的水箭射中，或是被天降骤雨淋湿，或是被困在水柱阵内……彼得一世设计了五花八门的水机关来戏弄大臣们。

1721 年，彼得一世迁都圣彼得堡。

不能留胡须、穿宽袖长袍！

建筑故事　须袍革命

17—18 世纪，西欧在不断完善资本主义体制时，俄国仍在愚昧落后的封建农奴制中煎熬。1682 年，彼得一世即位，他意识到封建农奴制抑制了俄国经济的发展，必须向西欧学习。他派出 250 人留学西欧，自己也化妆成留学生。彼得一世在荷兰当过船长，在英国学过造船，在普鲁士学过射击……他深入学校、工厂、军队、博物馆，还观摩了英国议会的辩论。所到之处，彼得一世热切地关注身边所有的见闻，他感觉茅塞顿开，决心按照西欧的模式，彻底改革俄国的文化、科学、工业及行政管理体系。

彼得一世的改革，首先从生活方式和行为习俗开始。他下令全国男子不得留胡须。留胡须者每年要向政府上缴 100 卢布获取留须权，而且还要在脖子上挂上政府核发的“已缴费”铜牌，以备随时查验。

彼得一世的第二项改革，是废除传统的宽袖长袍。他要求宫廷人员必须穿西装，甚至在宴会上亲手剪下客人的宽大袍袖，说："大袖子碍事，又浪费，剪下来，可以做对靴子。"

彼得一世留学时，因进餐不会用餐巾而被人嘲笑不讲卫生，自尊心受损。为了改变俄罗斯民族"野蛮粗俗"的生活习惯，他专门出版了一本生活教科书《青春宝典》，讲授品德修养以及做客、工作和居家的行为礼仪，甚至规定用餐时一定要使用餐巾，不能发出"吧唧吧唧"的响声。

尔后，彼得一世强制实行一系列改革措施。他建立了正规的陆军和海军，使俄罗斯成为欧洲的军事强国；他带领农业落后的俄国发展工业化。在彼得一世的推动下，俄国第一次出现了报纸、科学院、军事学校、技术学校、博物馆、公共图书馆、公共剧院和公园……

彼得一世的改革，使俄罗斯"从愚昧无知的深渊，登上了光荣的世界舞台"。

希望上帝宽恕我的罪孽，
我在力图为人民做好事。

彼得一世

彼得宫下花园

古典韵律

17 世纪中叶，法国国王路易十四为了巩固君主专制和中央集权统治，提倡古典主义严谨的三段式和五段式构图秩序，建筑恪守古希腊、古罗马柱式规范，强调轴线对称、主从关系、突出中心和规则的几何形体，建筑外观端庄雄伟、尺度比例和谐，内部豪华。

巴黎卢浮宫东立面是典型的古典主义建筑的代表。意大利式平屋顶取代了法国传统的孟莎式陡坡屋顶和造型各异的老虎窗。

巴洛克时期，法国人喜欢孟莎顶和弧形楼梯。

建筑故事　爱神之吻

卢浮宫收藏的大理石雕塑《爱神之吻唤起了灵魂之神》，是意大利雕塑家昂托尼奥·卡诺瓦（Antonio Canova，1757—1822）的作品，表现爱神丘比特与少女普赛克的故事。

普赛克是人间一位国王的小女儿，她的美令世人仰慕。美神维纳斯非常嫉妒普赛克，吩咐儿子丘比特去惩罚普赛克，让她爱上世界上最丑恶的怪兽。然而，丘比特见到普赛克却深深地爱上了她，并秘密地把她迎娶回自己的神殿。

普赛克是凡人，始终看不到丘比特的真容，她为此而郁闷。普赛克的姐姐猜测丘比特是个魔鬼，让普赛克夜里偷看丘比特。深夜，丘比特熟睡后，普赛克秉烛偷看，被丘比特的英俊惊呆了，手中油灯滑落下来，烧伤了丘比特的臂膀。丘比特惊醒后，愤然离去，神殿和花园都消失了。普赛克悲痛欲绝，到处寻找丘比特，不知不觉来到了维纳斯的神殿。

普赛克乞求维纳斯帮忙找回丘比特，维纳斯妒火难消，百般折磨普赛克，让她完成各种艰险的任务。一次，普赛克奉维纳斯之命去地狱向冥后索要"美容"，在神的帮助下，她成功了。归途中，普赛克好奇地打开了盒子，被盒子里的"睡眠"附身，立刻沉沉地睡去，如死去一般，只有爱神的吻才能将她唤醒。

雕塑《爱神之吻唤起了灵魂之神》

古典主义者用意大利的平屋顶突出卢浮宫东立面的庄重与威严。

巴黎卢浮宫东立面

洛可可的柔情

路易十四在位 72 年，去世时，他的儿子和孙子都已经先他而去，只好由 5 岁的曾孙继位。

17 世纪，路易十四时代，法国流行盛大、庄严的古典主义和充满男性力度和动感的巴洛克艺术。18 世纪，路易十五时代，在蓬帕杜夫人的倡导下，法国盛行起女性化、细腻柔美的洛可可艺术风格。富丽奢华的凡尔赛宫王后寝宫便是洛可可风格的代表。

凡尔赛宫王后寝宫

建筑故事 “洛可可女王”蓬帕杜夫人

蓬帕杜夫人是洛可可风尚的主导者和推动者，她能歌善舞，在凡尔赛宫旁修建了两座剧院，主演了 100 多场歌剧和芭蕾舞剧。她资助过伏尔泰、华图、布歇、法尔康涅等众多文学家和艺术家，还资助狄德罗编写了首部百科全书。

18 世纪初，欧洲贵族阶层开始流行使用瓷器代替笨重、昂贵的银制餐具，建筑中也使用小巧玲珑的瓷雕代替巨大笨重的石雕。中国瓷器大量出口欧洲，曾经风靡欧洲的银器渐受冷遇。法国国王路易十五甚至下令把国内所有银器熔化充为国用，并大量进口中国瓷器。

为了仿制中国瓷器，蓬帕杜夫人资助兴建了皇家瓷器厂。派出中国的法国传教士充当瓷器间谍，将秘密打探得到的景德镇瓷器生产技术和瓷土标本寄回法国。法国工匠找到类似的制瓷原料后，模仿中国瓷器的描绘和上色技法生产镀金青铜装饰的瓷器。不久，法国瓷器实现了国产化，洛可可风格的“蓬帕杜粉”瓷器闻名全欧洲。

蓬帕杜夫人画像

蓬帕杜夫人还将中国传统的丝绸、漆器等艺术奉为时尚。在凡尔赛宫、爱丽舍宫和巴黎协和广场的改建中，她鼓励艺术家们模仿东方装饰风格，用 C 形、S 形、旋涡形等自由曲线，碎花图案，不对称构图进行装饰。室内天花和墙面常常弧面相连，卷草舒花缠绵盘曲，融为一体，并镶嵌大量的金银、贝壳、玻璃、镜面、水晶和中国瓷器、丝绸、漆器等工艺品，表面光泽柔美，色彩粉嫩淡雅。

18 世纪末，法国人民长期处在水深火热的战争煎熬中，而法国上层社会却不断营造着纸醉金迷、奢侈靡丽的洛可可式宫殿。当时，有大臣告知贵夫人们，老百姓连面包都吃不上的时候，贵夫人们天真、甜蜜地笑道：“那他们为什么不吃蛋糕？”而后，随着法国大革命的到来和拿破仑的崛起，奢侈繁复的洛可可艺术风格，逐渐被象征民主平等的古典复兴风格所取代。

6　东方神韵

日本京都桂离宫茶亭（1620—1624年）
日本大阪城天守阁（1590年）
天坛（1420年）
印度泰姬玛哈陵(1631—1651年）
日本鹿苑寺（1397年）
北京故宫角楼（1406—1420年）
吴哥窟（12世纪）
日本白川乡合掌屋(12世纪)
印尼爪哇岛婆罗浮屠塔（8—9世纪）
日本法隆寺西院 (601年)
缅甸大金钟寺(公元前585年)

故宫角楼

北京故宫的布局遵循《周礼·考工记》皇城礼制的规划，中轴线纵向深远，轴线上的建筑高大华丽，两侧建筑低矮朴素，对称布局，体现皇权至高无上的等级观念。

建筑故事　故宫传奇

明成祖朱棣和刘秉忠商议在北京修建皇宫的事。这天，刘秉忠一见皇上就说："启奏万岁，臣昨天夜里梦见玉皇大帝在凌霄宝殿上说：'您朝皇帝要修建皇宫，请您转告他！天宫宝殿一万间，人间的宫殿不可超过天宫。并要请来三十六金刚、七十二地煞，保护皇宫，才能风调雨顺，国泰民安。'玉皇大帝说完，便化作香雾而去！"朱棣听了觉得有道理，就下旨命令刘秉忠仿照天宫去建造皇宫，并去请金刚、地煞来保护皇宫。刘秉忠领旨马上开工，四根木柱为一间，建了宫殿九千九百九十九间半，文渊阁西头有半间，宫中摆放三十六口包金大缸，象征天神三十六金刚。另外，修筑七十二条地沟，象征七十二地煞，保护皇宫。皇宫建好后，金碧辉煌，仿佛有神仙镇守，朱棣看后，大悦，当时传旨，重赏了刘秉忠。外邦听说刘秉忠请了三十六金刚、七十二地煞保护皇城，更不敢兴兵作乱了。

建筑故事　月宫角楼

一天，朱棣传来刘秉忠，说："昨夜，朕梦见月宫嫦娥说，仿照广寒宫内的凌霄宝楼，九梁十八柱、七十二条脊，建您皇城的角楼，可镇国安邦，江山永固。命您督办四个角楼，三个月完成，不得有误！"刘秉忠谢旨后，马上找来工匠开始设计。日子一天天过去，谁都做不出九梁十八柱、七十二脊的角楼，三个月建不出角楼，要被皇上杀头，工匠们都急得坐立不安，忧心忡忡，苦熬几天几夜，还是一无所获。

此时，正值夏天，暑热难当，门外来了位白发老汉，在树下卖蝈蝈，吆喝着："买蝈蝈，听叫去。睡不着，解烦去。有钱的，我欢喜！没钱的，送给您！""蝈蝈叫，福来到，听过虫叫烦恼少！"一个小工匠看到蝈蝈笼阁楼层叠、精巧秀丽，就买了一个，提回屋内给大家祈福解烦。大家都围过来斗蝈蝈，忽然发现笼底有张纸条，上面写着："日托鱼尾弟子到，细看详点即明了，九梁十八大红柱，七十二脊搭城角。"工匠们看后仔细数蝈蝈笼，正好是九梁十八柱、七十二脊。"日托鱼尾"是"鲁"字，工匠们恍然大悟，这是鲁班弟子送来的角楼小样。大家赶紧去追卖蝈蝈的老人，可是他早已消失得无影无踪。工匠们冲天叩头，谢老人的救命之恩。不久，工匠们按照蝈蝈笼建好了皇城的四座角楼。

紫禁城的角楼有九梁十八柱、
七十二条脊。
工匠们在蝈蝈笼子上
发现这种建筑的雏形。

北京故宫角楼

天坛祈福

建筑故事　娘娘求雨

永乐皇帝定都北京后，逢大旱，饥荒遍地，皇帝心急如焚，做梦求雨，雷神说：“娘娘求雨，可降甘霖！”皇帝梦醒后，马上传旨：“娘娘求雨，天不降雨，不准回宫。”命姚广孝选址搭台，姚广孝禀告皇上：“《左传》记载：天子当阳，左，阳道；右，阴道，正阳门外南郊国门左侧，有个土坡像块金疙瘩，通天气，接地气，适宜求雨。”

很快，祭台建好，娘娘跪祭求雨3天，却滴雨未降。晚上，皇上心急，亲自来到祭台。娘娘又饿又累，看到皇上，委屈的眼泪“刷刷”地流下来。这时，突然“轰隆”一声霹雳，倾盆大雨终于落了下来。

此后，皇帝下令在此修筑圜丘、祈谷两坛。筑两重墙，分隔内外坛，墙“南方北圆”，象征天圆地方。圜丘坛在南、祈谷坛在北，中间以丹陛桥相连。圜丘坛用于冬至日祭天，有圜丘坛、皇穹宇。祈谷坛用于春季祈祷丰年，设祈年殿、皇乾殿、祈年门。西天门内建斋宫，供皇帝斋戒小住，门外设神乐署，掌管祭祀乐舞。皇帝每年带领所有皇室成员和文武百官来此祭天，为百姓祈祷五谷丰登。

涂涂画画　天坛

和玺点金

和玺彩画是中国古代皇家宫殿、坛庙等重要建筑上的最高等级彩画，分为五种：金龙和玺，用于宫殿中轴的主要建筑（如故宫三大殿）上；金凤和玺，用在皇家地坛、月坛等建筑上；龙凤和玺，用于皇帝与皇后、皇妃寝宫上；龙草和玺，用于皇帝敕建的寺庙中轴建筑上；苏画和玺，画人物山水花鸟鱼虫，用于皇家园林。

和玺彩画在明间是上蓝下绿，两旁次间上绿下蓝，稍间上蓝下绿。彩画藻头上绘龙纹时，讲究“升青降绿”，即以青色为背景，象征天空，绘上升的龙；而以绿色为背景，象征草地，绘降龙。和玺彩画用金量大，主要线条及龙凤、宝珠等图案均沥粉贴金，即用管子装胶粉混合成的膏，从尖端孔挤出，描彩画隆起的花纹，上面涂胶后，贴金箔，增加画面的立体感。

涂涂画画 清式海棠盒箍头和玺番莲降龙梁枋彩画

旋子花香

旋子彩画源于中国元代，是中国明清传统建筑应用最广的彩画类型。旋子彩画等级仅次于和玺彩画，分若干等级，常用于殿式建筑（如官衙、寺院、城楼、牌坊等）主殿堂门的额枋装饰。

彩画一般分为枋心、藻头和箍头三段。枋心通常占长度的 1/3，绘有各种图案。旋子彩画藻头绘卷涡纹花瓣的旋花。旋花的“一整二破”为一朵整旋花，两朵半旋花。

离宫别馆的旋子彩画枋心内画山水花卉。大小额枋上，旋子彩画的等级同和玺彩画，如大额枋画龙，小额枋画锦，上下可调换。明、次、稍、尽间依次调换，并规定青地画龙，绿地画锦。

涂涂画画　旋子彩画

苏绘万千

苏式彩画源于中国江南建筑彩绘，其枋心包袱内可以绘各种题材。

建筑故事 三缄其口

清朝慈禧太后偏爱苏式彩画，所以北京颐和园和圆明园里到处绘有苏式彩画。一天，太后领着格格们欣赏园景，一个格格忽然问："这彩画里的人，怎么嘴给封住了？"太后指给她看旁边的铭文："慎于言语，三缄其口。多言必失，多事酿灾。……"

看完后，太后回头对格格们说："记住这铭文，它切中要害。小心谨慎，如临深渊，如履薄冰。如果能这样立身处世，怎么会招致灾祸？"

涂涂画画 苏式彩画

古刹藏宝

法隆寺五重塔是日本现存最古老的楼阁式塔，为四角方形塔，高 31.5 米，塔刹有 9 个相轮，塔内没有楼板。法隆寺是日本飞鸟时代建筑技术的典型代表。寺院选址在山坡坡顶，坡度适宜，排水顺畅，雨水从未漫过南门前镇雨石，寺内几乎不用设排水口。据说每年 2 月，人们根据梦殿救世观音像前的礼盘蒸发的水汽多少，可以预测一年的粮食收成。

法隆寺地下机关重重，藏有皇室珍宝及御用药材。传说建筑地基及构件经过药液浸泡和防腐防火防霉防虫处理，建筑内无蜘蛛结网，无鸟雀筑巢，弁天池的青蛙也被毒成了独眼。

法隆寺建造时，工匠们选择山顶木质坚硬的树木制作柱子和梁，而山谷中的树木只用作室内装饰材料。

法隆寺西院

建筑故事　圣德太子

圣德太子是日本飞鸟时代用明天皇的儿子，他酷爱中国儒学和佛教，三岁学习王羲之的书法，每日临摹千余字，7 岁时读经书几百卷。

593 年圣德太子开始摄政，他仰慕当时中国隋朝的强盛，并模仿隋朝进行各方面的改革。

圣德太子亲自设计日本十二品官的帽子。帽子的外形、颜色各异。十二品帽子按儒学五德分为：大德、小德、大仁、小仁、大礼、小礼、大信、小信、大义、小义及大智和小智。官员带哪种帽子，由朝廷根据个人绩效考核来确定。

圣德太子广设国家学堂，讲授《论语》《周易》《尚书》《左传》等汉学。他下令修建大量寺庙弘扬佛法、扶贫济困、调制药品、治病救人，发展社会公益事业，并仿照《论语》的“礼之用，和为贵”颁布《十七条宪法》，提出“以和为贵，无忤为宗”的道德规范。

601 年，圣德太子建斑鸠宫时，为了祈求父亲早日康复，在斑鸠宫附近建造了法隆寺。法隆寺占地约 19 公顷，分东西两院，东院的梦殿是圣德太子的起居室，西院有金堂、五重塔、山门、回廊等建筑。

草庵恩仇

12 世纪，日本源平战役后，武士集团的地位逐步上升，公卿集团快速衰败。战败的平氏家族，为躲避源氏家族的追杀，逃至白川乡等穷乡僻壤居住。白川乡与世隔绝，人们用当地芦苇建房，房舍酷似双掌相合，称为合掌屋。

合掌屋通常是四五层楼，适于数十人的大家族一起生活。一层有起居室、厨房和浴室，二层是储藏室，上部三角形阁楼通风好、日照充足，是养蚕、织布的空间。

合掌屋不用钉子，只用绳子绑扎，或用木头搭建而成。

白川乡多雪，屋顶倾斜 60°，便于雨雪滑落。屋顶茅草厚七八十厘米，保温防寒，冬暖夏凉，三四十年才更换一次，但每次需要 200 人一起工作两天。全村每年换两三座屋顶，村民集体合作，充满智慧与温情。

建筑故事　少年的笛声

源平战役两军对阵的前夜，大将熊谷直实听到敌阵中响起优美的笛声，笛声清澈动人，没有丝毫恐惧。第二天大战，源氏军队大败平氏，将军熊谷直实杀了一个稚气少年，事后才知道这少年就是前夜的吹笛人，年仅 17 岁。那笛子是天皇御赐少年祖父的宝物。熊谷直实非常难过，万念俱灰，从此落发出家，远离战场，法号莲生。

涂涂画画　日本白川乡合掌屋

镜湖金阁

建筑故事　托孤寄命

12 世纪末，日本进入由武士阶层掌管实权的幕府时代。足利义满是室町幕府的第三代将军。足利义满 9 岁时，父亲去世。临终前，父亲恋恋不舍地抚摸着足利义满的头，对细川赖之说："我送您一个儿子。"又指着细川赖之，对足利义满说："这就是你的父亲！"

第二年，足利义满继任幕府将军。细川赖之不但精心料理幕府事务，并严格地教授足利义满治国理政之道，还专门制订了《内法三条》，禁止人们向足利义满报告邪恶的事情，禁止用花言巧语迷惑足利义满，禁止向足利义满推荐不善良的人，违反者都以"亡国逆臣"严厉惩处。细川赖之挑选文武双全、忠心耿耿的人辅佐足利义满，使足利义满从小受到良好的教育与熏陶。

1392 年，34 岁的足利义满平息了战乱，统一了日本。1394 年，36 岁的足利义满出家为僧。

1397 年，足利义满在京都建造鹿苑寺，后改为祭祀禅寺。建筑外包金箔，又名金阁寺。建筑一层是平安时期贵族寝殿造建筑形式，二层是镰仓时期武士建筑形式，三层是中国唐朝禅宗佛殿的建筑形式。寺顶宝塔上，装饰象征着吉祥的金凤凰。

涂涂画画　日本鹿苑寺

天守物语

足利义满去世后的百余年间，日本各地诸侯割据，百姓拥有大量武器，战乱不断。城市纷纷兴建坚固的城堡，以天守阁为中心的周围，城墙层层叠叠，道路百转千回，像迷魂阵，瓦解蚕食敌军。16 世纪初，天守阁不但是军事防御设施，也是城主政治权利和地位的象征。

1590 年，丰臣秀吉统一日本后，下令禁止百姓拥有长短刀、长枪、火枪等武器，并开始修建大阪城天守阁。丰臣秀吉命令诸侯捐献石块，要求他们参与兴建工程。这座天守阁，外观五层内八层，高 54.8 米，内外有两道护城河。12 公里长的城墙，将城分为内、中、外三城。天守阁的每个檐角都装饰着海兽鯱。鯱是中国传说中的龙子，虎头鱼身，可以吐水灭火，消灾避邪。

建筑故事　夜壶烹茶

丰臣秀吉喜爱黄金，在天守阁内外点缀许多黄金装饰，还在天守阁内专门设一间茶室。茶室墙壁、柱子、天棚都铺满黄金，茶具也是用黄金制成的。一个日本商人从国外带回一把精致的壶，献给丰臣秀吉，丰臣秀吉非常喜欢，每天都用它烹煮茶水。后来，那位商人再次拜访丰臣秀吉时，丰臣秀吉高兴地赏他同饮那壶里的茶，商人慌忙起身谢罪："启禀将军，忘记提醒您，那是一把西洋的夜壶。"

涂涂画画　大阪城天守阁

野趣茶庭

日本茶庭源于禅宗，起于茶道，讲求野趣："飞石以步幅而点，茶室据荒原野处。松风笑看落叶无数，茶客有无道缘未知。蹲踞以洗心，守关以坐忘。禅茶同趣，天人合一。"

茶庭内小品有石灯笼、石臼、石水钵等，并种植常绿树木、草地或绿苔，开花植物只用梅。

茶室与茶庭相连，客人需经厕所净身，用洗手钵洗手，然后踏着铺满松针的曲折飞石来到茶室外，还需行脱鞋、挂刀、折腰躬身之礼后，才能进入茶室。

日本茶室常为传统的草庵式，木架草顶，面积不大，房屋布局开敞，地板架空，出檐深远。环境清雅素洁，构件表面不施油漆。室内木地板上铺设草席垫层，称为"叠"，即"榻榻米"，坐卧起居都在上面。

按照日本风俗，一屋只住一代，下一代另建新屋居住，皇室也是每朝都营建新宫。

1620—1624年，日本智仁亲王兴建京都桂离宫，按照白居易的《池上篇》规划，布置山、湖、岛。湖中有5个岛，岛上有土桥、木桥和石桥相通。茶室分春、夏、秋、冬四间，与池泉园的结合，可坐观，舟游，也可步行回游。茶室面向水池布置。桂离宫内茶室的名字都出自中国诗文，都松琴亭、笑意轩、月波楼和赏花亭等。

建筑故事　茶趣素朴

一次，日本茶圣千利休带弟子一起去参加茶会。进入茶庭的门给人以古色古香的感觉。弟子赞叹道："真是萧、寂、简、雅的制作，给人以兴味无穷的感觉。"而千利休却说："门做得不错，但这么奢华的门怎么会有萧、寂、简、雅的感觉。如果从真正的茶人素朴的心境出发做门，应该请工匠用未经处理的木料，拼制一个粗制的门，这样才会真的引起人对茶的兴趣。从这点上很容易看出茶人的修为水平。"

建筑故事　庭院洁癖

一天，千利休看到儿子打扫完的庭院，说："不够干净，重做一遍。"于是，儿子又打扫了一遍，禀告千利休："父亲，已经打扫干净了。石阶刷了三次，石灯笼擦拭了几遍，树木冲过水了，苔藓上也闪耀着翠绿，地面上没留一枝一叶……"话音未落，千利休斥责道："傻瓜，这不是打扫庭院的方法，这是……"说着，他步入园中，用力摇动树干，抖落了一地的树叶，"打扫庭院要的不是清洁，而是美和自然。自然才是生活的真实状态。"

日本茶亭

十亩之宅，五亩之园。
有水一池，有竹千竿。
勿谓土狭，勿谓地偏。
足以容膝，足以息肩。
有堂有庭，有桥有船。
有书有酒，有歌有弦。
有叟在中，白须飘然。
识分知足，外无求焉。
如鸟择木，姑务巢安。
如龟居坎，不知海宽。
灵鹤怪石，紫菱白莲。
皆吾所好，尽在吾前。
时饮一杯，或吟一篇。
妻孥熙熙，鸡犬闲闲。
优哉游哉，吾将终老乎其间。

——白居易《池上篇》

缘起性空

8—9 世纪，在印度尼西亚爪哇岛的一座山上，人们建造了世界最大的佛教建筑——婆罗浮屠塔。

佛塔依山而建，塔高 35 米，自下而上共分 9 层，每层代表着修炼的一个境界。塔身浮雕描绘佛陀降临人间修成正果重返天界的传说。

方形底部塔基代表欲界，有 1600 种因果故事的浮雕，描绘肉欲横流的世俗万象，告诫众生只有勤奋修行，才能脱离低级趣味，上升到更高境界。

中部 5 层塔身代表色界，浮雕记载着佛陀一生悟佛、传佛的故事，象征“小乘阶段”。

顶部 3 层圆形平台代表无色界，没有浮雕装饰，象征“大乘阶段”，中央佛塔高 7 米，周围环绕 72 座钟形舍利塔。

婆罗浮屠塔的角部装设 100 个精美的滴水兽嘴排水，建造中采用拇指和中指的指尖最大距离为计量单位，石块间以榫卯结构连接，佛塔历经数次地震都安然无恙。

婆罗浮屠塔

婆罗浮屠塔镂空舍利塔内坐佛像

建筑故事 佛祖掌故

摩耶皇后梦到一头长着 6 枚长牙的白象来看望她，告诉她将有一个王子出生。不久，摩耶皇后果真生了个男孩。这个男孩见风就长，长得异常高大，而且箭术高超，11 岁时，便在比武场上一箭连穿七鼓，赢得桂冠，令远近的敌人闻风丧胆。尔后，他凭借超凡的武功赢得邻国公主的爱慕，但是他却放弃金钱与王位，在树下修炼。历经无数磨难，王子终得善果，成为佛陀释迦牟尼，乘坐舍利塔返回天界。

叠焰泰屋

泰国传统木屋受东方和西方建筑的影响，结构保留中国傣族穿斗式木梁架的特征，屋顶两端多收成悬山顶或歇山顶，3~4 层重檐琉璃屋面，十字脊中央立 3~7 层重檐莲花攒尖顶，屋脊翘火焰金钩避雷。主入口仿照欧洲教堂开设在山墙处，室内沿纵向展开。

外墙装饰大量火焰龛窗。半圆形窗楣上塑假券，外塑龙凤花卉，装饰红底鎏金的图案。殿内四壁绘佛教与世俗壁画，天花绘金箔彩画，光彩华丽。殿阶两侧置鎏金螭虎，抬首翘股，辟邪消灾。

涂涂画画 泰国传统建筑

金钟许愿

公元前 585 年，缅甸佛教徒兴建了大金钟寺，供奉佛祖宝物。老百姓并不富裕，但人们以能为佛塔捐赠为荣。在善男信女们年复一年的修缮下，大金塔的规模越来越大。现在的塔高 112 米，砖塔外全部用金箔覆盖，塔顶挂金铃 1065 个、银铃 420 个，镶嵌了 7000 颗宝石和一枚重 76 克拉的钻石。这些金银珠宝都是信徒们自愿捐赠的。

建筑故事　大金钟寺

2500 年前，一对商人兄弟遇到佛祖，得到佛祖的八根头发并带回缅甸。国王帮助他们找到供奉佛祖宝物的圣山。当佛祖的八根头发从金匣子中取出时，不可思议的事发生了：发丝发出万丈光芒，穿透天地，使盲者能见、聋者能听、哑者能说，这时天降响雷，地动山摇，连须弥山也在震动，宝石像雨点儿般从天而降，厚厚的一层盖到膝盖；喜马拉雅山上的树，未到花季，也纷纷开花结果。后来，人们在圣山建造了大金钟寺。

涂涂画画

如果你有什么心愿，请填到金钟寺的许愿卡上，据说钟声会把它带到天国。

吴哥神山

9—15世纪，湄公河沿岸的柬埔寨高棉文化发展到鼎盛时期。

12世纪时，苏利耶跋摩二世皇帝建造吴哥窟，作为献给印度诸神的殿宇。

印度教神话中的宇宙是以众神居住的须弥山为中心，山下是人类居住的地方，四周乳海环绕。

吴哥窟仿照印度教中的须弥山布局，坐东朝西，由上下两层平台构成，每层有内外两层防御复廊环绕，转角处设瞭望亭。台阶陡峭，易守难攻，也寓意着人们到达天堂需要经历许多艰辛。顶层平台中央矗立五座宝塔，如五点梅花。四个小宝塔环绕中央大宝塔，五塔间以游廊相连。

吴哥窟四周环绕200米宽的护城河，跨越护城河的虹桥，是通往天界的大道，百姓不得入内。

建筑故事　乳海翻腾

吴哥窟内的石壁上雕刻着印度教的神话故事《乳海翻腾》。

《乳海翻腾》是印度教的三大史诗的神话故事之一。传说，很久以前，须弥山耸立在大地的中央，直插云霄，凡人无法攀登，须弥山上充满着各种奇花异草、溪流瀑布、璀璨宝石，天神和魔鬼无忧无虑地生活在这里，他们的寿命比凡人长得多，但也有生老病死。

有一天，天神与魔鬼为了生老病死的问题，争吵起来，梵天为了调解一触即发的战争，便告诉大家：同心协力翻搅乳海，可以得到永生的甘露。

92个魔鬼拉着巨蛇的头，88个天神拉着巨蛇的尾，神魔合力抬着巨蛇翻腾乳海。翻腾了千年后，甘露涌现出来，魔鬼正要饮用时，突然出现许多飞天小仙女，姿态曼妙，跳着诱人的舞蹈。魔鬼们看得呆了，忘了永生的甘露。

天神们趁机服下甘露。魔王也喝了一口甘露，但还没来得及下咽，就被日神和月神砍下了头颅。魔王的头得到了永生，它痛恨日神和月神，于是不停地追赶日神和月神，追到了便把它们吞下去。但是魔王的喉咙被砍断了，吞下去的日神和月神还会跑出来，便形成了日食和月食。

吴哥窟

《乳海翻腾》浮雕

爱的纪念

涂涂画画 印度泰姬陵

建筑故事 爱的纪念

泰姬·玛哈尔是一位波斯美女，21 岁与王子沙贾汗结婚。婚后，他们同甘共苦，足迹遍布疆场。1628 年，沙贾汗经过一场血战后，继位成为莫卧儿王朝第五代君王。1631 年，39 岁的泰姬跟随沙贾汗南征，在分娩第 14 个孩子时因难产而死。沙贾汗伤心欲绝，下令宫廷为她哀悼两年，禁止一切娱乐活动。

沙贾汗从小在王子学校学习军事、建筑，泰姬的离去，令他厌倦战争，转而把全部精力投入到泰姬陵的建造上。他选用世界各地珍贵的大理石和珠宝建造泰姬陵。为了防止地震的破坏，他在建筑下挖了 18 口井，井内用石块与柚木交替叠放，形成软硬结合的弹性地基，以降低地震对建筑的损害。沙贾汗还聘请各国能工巧匠，将精湛的珠宝工艺用在建筑上，把斯里兰卡蓝宝石、阿拉伯珊瑚、伊朗紫水晶、俄国孔雀石、中国翡翠和玛瑙等宝石镶嵌在大理石上。沙贾汗原计划在河对面为自己建造一座一模一样的黑色陵墓，与泰姬陵以半边白色、半边黑色的大理石桥相连。但是建造泰姬陵耗空了国库，王朝衰落，沙贾汗被儿子囚禁起来。此后，沙贾汗每天只能透过小窗遥望河对岸的泰姬陵。晚年因视力衰退，他只能借着一颗宝石的折射来观看泰姬陵，最后郁郁而终。沙贾汗去世后，与爱妃合葬于泰姬陵内。他们的陵前，水渠清澄，两旁果树和柏树苍翠，诉说着他们永恒的爱与生生世世的守候。

7 非洲风情

杰内泥寺

14—16 世纪末，杰内古城被摩洛哥征服前是西非最美丽的商业城，被誉为“尼日尔河谷的宝石”。

古城中央造型奇特的杰内大清真寺是一座壮丽的沙堡，是苏丹和撒哈拉土木结构的完美结合，高 11 米，建筑面积达 3025 平方米。100 根粗壮的泥柱支撑祈祷厅的屋顶。屋顶上密排着 104 个直径 10 厘米的气洞，寺门高大宽阔。寺院主墙由 3 座塔楼构成，塔楼由 5 根泥柱连成一体。

建筑不用一砖一石，以棕榈木为骨架，用当地巴尼河的红黏土混合短稻草砌筑屋顶和墙体。墙体上，棕榈木房架整整齐齐地伸出，成为“脚手架”，方便及时修护墙体，也成为沙堡的独特装饰。这种房子墙体厚实，冬暖夏凉，还能有效地对抗雨水冲刷。

涂涂画画 非洲马里杰内古城大清真寺

原生土城

杰内古城位于非洲马里中部尼日尔河内三角洲最南端，公元前250年开始有人居住，后来发展成撒哈拉地区黄金、象牙、奴隶等贸易中心，8—14世纪，杰内古城逐步发展达到鼎盛期。15—16世纪，杰内古城成为伊斯兰教传播的中心。

为适应季节性洪水，房屋建在小山丘上，占地20公顷，建筑有2000余座。大清真寺周围是集市广场，由防护城墙围出11个街区，宽窄不一的沙石街巷蜿蜒延伸，形成自然原生的城市规划格局。

中央广场将杰内城分为东、西两部分。东部建筑物多，有河港、王侯宅第，商业活动频繁；西部为手工业区。

古城住宅的院子中央为场院。住宅木筋黏土墙体的浇捣，与今天的钢筋混凝土墙体浇筑相似，通过搭建木模板，自下而上分段完成，最后涂抹灰泥保护层。有些墙体画有装饰壁画，有些带有栏杆、雉堞线脚。

杰内大清真寺

杰内大清真寺建筑构造

8　近代欧洲

18 世纪 60 年代至 19 世纪，欧洲分为两大阵营：拿破仑阵营和反法联盟。拿破仑称帝后，雄心勃勃，想要创造出罗马帝国的伟业。他提倡复兴古罗马时期以半圆形拱券为代表的建筑，人们称之为帝国风格，如巴黎雄师凯旋门、马德兰教堂等。而由英国、德国和奥地利等国家组成的反法联盟，则崇尚古希腊的城邦和共和制，针锋相对地复兴以直线为代表古希腊建筑，如伦敦不列颠博物馆、柏林勃兰登堡门等。

罗马复兴

路易十四统治时期，巴黎还延续着中世纪狭窄的街道、肮脏的城市环境，而拿破仑推动的巴黎改建则对城市大拆大建，形成巴洛克式无限伸展的大十字城市轴线，并修建明星广场、协和广场控制城市的中心，增加了城市绿化，丰富了城市色彩，还兴建了许多纪念性建筑。巴黎被打造成当时最美、最开放的城市，成为欧洲大城市的设计典范。

1806 年，为纪念打败俄奥联军，拿破仑下令在戴高乐广场建造了世界上最大的凯旋门——雄师凯旋门。凯旋门高 50 米，拱门顶部有 30 面盾牌，上面记载着从法国大革命到法兰西第一帝国期间法国军队打过的胜仗。尔后，拿破仑将巴黎市区规划，以凯旋门为中心，向四周放射出 12 条大街，中心广场气势磅礴。

1840 年 12 月 15 日，巴黎人如潮水般涌向凯旋门，迎接拿破仑的遗骸。拿破仑做梦也没有想到，叱咤风云的他，最后竟是以这种方式通过凯旋门。仿佛辉煌的盛宴最后归于沉寂，拿破仑带着一生的荣誉，就这样默默地安歇了。

我憧憬统一欧洲！

拿破仑画像

巴黎凯旋门

拿破仑轶事　驴子和学者走中间

拿破仑每次远征军，军中总要带上百余名各行业的学者以及数百箱的书籍和研究设备。在远征中，军中上下都熟知拿破仑著名的命令："让驴子和学者走在队伍中间。"

国会穹宇

1776 年，美国诞生后，古典复兴建筑在美国盛极一时。美国人借助古希腊、古罗马的古典建筑来表现美国民主、自由、光荣和独立的精神。希腊复兴建筑形式，在美国的纪念性建筑和公共建筑中比较流行，如华盛顿林肯纪念堂。美国国会大厦是罗马复兴式建筑的代表，庄严雄伟，富于纪念性。

涂涂画画 美国国会大厦

铁屋生花

18 世纪，生铁建筑随着工业革命的兴起而迅速发展起来。1775 年，在塞文河上，英国人踏上了第一座生铁桥；1786 年，在法兰西剧院里，巴黎人坐在了第一架铸铁屋顶下；1833 年，在巴黎植物园温室内，法国人触摸到第一座铸铁和玻璃构成的大型建筑；1851 年，第一次世博会上，伦敦人将全世界的目光聚焦于“水晶宫”。

建筑故事　王子糗事

英国乔治四世国王从小就生活奢华而放纵，当他 22 岁还是王子的时候，在布莱顿迷恋上比他年长 6 岁、两次丧夫的胖夫人玛丽亚。尽管老国王坚决不同意他们的婚事，王子和玛丽亚还是秘密结了婚。

老国王知道后，断绝王子的经济来源。不久，债台高筑的王子不得不同意与他表妹卡罗琳公主结婚，以便让老爸来替他偿还债务。当他见到未来的新娘时，不禁大惊失色地说：“天哪！我不舒服，请给我一杯白兰地。”而卡罗琳也嫌王子太胖，远不如画像上那么英俊。

其实，卡罗琳也不比王子苗条多少，她不仅肥胖，还粗俗、邋遢，绝不是理想的王妃。而且，这位公主放荡不羁，丝毫不比王子逊色，她生下夏洛蒂公主后，俩人便分居了。而后，卡罗琳长期生活在意大利，还有了一个私生女。

王子则大部分时间和情人厮守在布莱顿。1815 年，王子在布莱顿建造了豪华的英皇阁。对东方文化心驰神往的乔治四世按照印度莫卧儿王朝的伊斯兰风格设计英皇阁，棕榈树般的铁柱支撑着 50 吨重的铸铁穹顶，内部装饰则充满中国情调。高雅的绿色卧室内摆放配备倾斜装置的大床，以方便体重 245 磅（约 111 千克）的主人起床。地下室挖设一条密道，直通到马路对面情人的房子。宴会厅内摆放镀银餐桌，墙上挂着描绘中国风情的壁画，天花上装饰一盏 30 英尺（约 9 米）高、重达 1 吨的水晶吊灯。华丽的音乐厅内挂着喜庆的中国红色和金色的幕布以及蓝色的绸缎帷幔，天花上装有绘刻着龙飞凤舞图案的镀金圆顶板。英皇阁建成后，王子终日沉醉于奢华生活，在此夜夜笙歌，丝竹鲜花美女相伴，英皇阁成为当时上流社会奢靡生活的象征。

1850 年，勤俭廉政的维多利亚女王将代表着英国皇室奢靡生活的英皇阁卖给了布莱顿市议会。

建筑要创新，
英皇阁具有东方的风情，
乔治四世桥的路面可以人工抬升，
英王十字火车站也不错。

乔治四世

维多利亚女王

英皇阁成为
王室奢靡生活的代表，
晚辈把它卖掉，
重塑王室形象。

英国布莱顿英皇阁

希腊复兴

英国大英博物馆

建筑故事　别人打仗，我们联姻

英国维多利亚女王只有 8 个月大时，父亲去世留下沉重的债务，从此家里开始节俭度日。母亲教育她：节俭是女人的美德，女人频繁变换服饰，不仅是挥霍浪费，而且是一种不良的品行。维多利亚总是穿同一套衣服，继位后，她的服饰也一直非常俭朴，王冠上价值连城的珠宝只是王权的象征。

11 岁那年，维多利亚成为王位的预备继承人。她开始学习宫廷礼仪和许多的行为规范：不许和陌生人交谈，不能在外人面前流露情感，不得破坏规矩，不许按照自己的好恶选读书籍，不许吃定量外的甜品……

1837 年，英国国王威廉四世去世，18 岁的维多利亚继位。她身高不足 1.5 米，身体瘦弱，却是英国历史上最勤政、最锐意改革的君主。

1840 年，维多利亚女王与阿尔伯特亲王结婚。婚礼上，她改变英国皇室结婚穿珠宝礼服、配宝石皇冠、披毛皮大衣的传统，穿着用中国锦缎制作的白色礼服，裙尾长达 18 英尺（约 5.5 米），配白色头纱。此后，白色婚纱礼服迅速成为一种时尚，流传至今。

维多利亚女王在位 64 年，大英帝国走向世界之巅，工业、文化、政治、科学与军事都得到空前的发展，领土总面积和人口总数达到当时全世界的 1/4，拥有全世界 1/5 的财富和全世界 1/3 的商船。

维多利亚时期，反法联盟各国崇尚古希腊城邦共和制度，历史建筑式样复兴成为一种风尚，古希腊神庙成为希腊复兴建筑的基本样板，如英国大英博物馆，华盛顿林肯纪念堂等。

维多利亚女王婚后生育了 9 个孩子，她的座右铭是：“别人打仗，我们联姻！”儿女们通过与欧洲各国王室联姻，实现了强大的国家联盟，达到“欧洲一体化”的目的，维多利亚女王被称为“欧洲的祖母”。女王去世后，这个联盟迅速瓦解。20 世纪爆发的第一次世界大战，像是一场维多利亚后裔亲戚之间的内战。

哥特复兴

英国威斯敏斯特宫又称国会大厦，位于伦敦，由上议院、下议院、威斯明斯特教堂、大本钟塔、维多利亚塔等组成。大本钟塔建造于维多利亚时代，维多利亚女王推崇高耸华丽、具有神秘和崇高感的哥特风格，下令把大本钟塔设计成垂线密集、尖塔高耸的哥特复兴式建筑。2012 年，大本钟塔更名为“伊丽莎白塔”。

涂涂画画　英国大本钟塔

建筑故事　爱的钟声

1856 年，钟表匠登特和儿子德里克接受本杰明爵士的邀请，为国会大厦 95 米高的钟塔制造大钟。圆形钟盘的直径达 6.7 米，是当时世界上最大的钟。

在工地上，德里克和本杰明爵士的女儿爱玛一见钟情，坠入爱河。但此事遭到爵士的反对，两人只好私奔。爵士愤怒不已，逼老登特交出人来，焦急的老登特暴病而亡。爵士下令全国搜查德里克，并在报纸上刊登老登特的死讯，称德里克为懦夫。

躲到乡下的德里克看到消息后悲痛万分，他给爱玛留下一封信，带着自己新手刻上爱玛名字的硬币赶赴伦敦。德里克装好大钟，从怀里掏出那枚刻着爱玛名字的硬币放在启动盘上，钟摆启动，鸣声悠远，人们欢呼如潮。德里克流下了热泪，自语着：“爱玛，您听到了吗？这是我爱的呼唤！”之后，德里克被关进牢狱。10 年后，出狱的德里克失去爱人，每日酗酒，郁郁而终。爵士因监工有力，维多利亚女王用他的名字“本杰明”为大钟命名。

而爱玛为了保护心爱的人，不得不向父亲妥协，出嫁，生子，享受荣华富贵，以此来换取德里克早日出狱。德里克去世后，爱玛来到钟塔处，取走了放在最顶端的那枚刻着她名字的硬币，她自语着：“听说晚上 10 点钟站在大本钟下，会有幸福来临。”不久，爱玛离开了人世，那枚硬币也随她一起去了天国。

岁月变迁，每天晚上 10 点，人们都会聚集到大本钟下，期待幸运的事情发生。

新天鹅堡

路德维希二世与奥匈帝国皇后茜茜公主从小一起生活在阿尔卑斯山的旧天鹅堡中，他们一直憧憬拥有凡尔赛宫一样宏伟壮丽的宫殿。路德维希 18 岁即位后斥巨资修建了新天鹅堡、林德霍夫宫和赫尔伦基姆泽宫三座城堡。

迷恋戏剧的路德维希从中世纪天鹅骑士的传说中获得灵感，将新天鹅堡布置得如同舞台上豪华无比的布景：群山环抱，云雾缭绕，树海掩映，湖水倒影，四季流转，宛若仙境。新天鹅堡的建设使国库空虚，引起王室保守派的强烈不满，他们宣称路德维希不适合统治国家，将他废黜。不久，人们发现路德维希二世溺毙于新天鹅堡附近的湖里。此时，城堡的 360 个房间中只有 14 个房间完成了装修。

建筑故事　天鹅骑士

10 世纪的安特卫普·埃尔萨被控谋害她的弟弟戈特弗里德——布拉邦特公爵的继承人，一位神秘的骑士乘天鹅船赶到，他挺身而出维护埃尔萨的清白，与指控者泰拉蒙伯爵决战。英勇的骑士打败了伯爵，赢得了埃尔萨的爱慕，他要求埃尔萨信守约定，保证不问他的姓名与来历。但泰拉蒙的妻子奥特鲁德施展邪恶的魔法，让埃尔萨对骑士的疑虑越来越难以抑制。在新婚的当晚，埃尔萨忍不住违反约定，追问骑士的来历。情不得已，骑士只能向众人宣布他是圣杯骑士罗安格林，自己的使命是守护圣杯，一旦下山暴露身份，必须马上返回圣杯山。离开之际，骑士破解了奥特鲁德的魔法，将化成天鹅的戈特弗里德从魔法中解救出来。埃尔萨姐弟得以重逢，骑士则奔赴圣杯山守护圣杯。

涂涂画画　德国新天鹅堡

凭海临风

建筑故事 茜茜公主

伊丽莎白·阿玛莉·欧根妮，即巴伐利亚的茜茜公主。1853 年，茜茜公主陪姐姐赴奥地利，与奥地利皇帝弗兰茨·约瑟夫一世相亲。但出乎意料的是，约瑟夫爱上了茜茜公主。1854 年，两人结婚，16 岁的茜茜公主成为奥匈帝国皇后，她的魅力征服了整个欧洲。

但是生活并非都是喜剧，1889 年茜茜公主的儿子——30 岁的王子鲁道夫与情人双双殉情，茜茜公主非常难过，她没能教育王子懂得王室的爱情最终要以国家政治利益为先。她陷入忧郁，深邃的眼睛里含着“这一生永不能滴落的眼泪”。她每天身穿黑色的衣服，不停地收集故人——老师海涅和表侄路德维希二世的物品。1890 年，她在希腊凭海临风的山上修建了阿喀琉斯宫，宫前矗立阿喀琉斯雕像，那是鲁道夫的化身。宫内爱奥尼廊柱前，10 座优雅的缪斯女神雕像神态恬淡。花园里，希腊神话中的众神分立在小径的两侧。置身其间，宛若仙境。

茜茜公主同情匈牙利民族，以宽厚的政策对待匈牙利，成为匈牙利人民心中的圣人。1898 年，茜茜公主在日内瓦遇刺身亡。

弗兰茨·约瑟夫一世与茜茜公主

故事 阿喀琉斯

阿喀琉斯是希腊神话中希腊国王珀琉斯和海神的女儿西蒂斯的儿子，是希腊最英勇善战的将军。阿喀琉斯呱呱坠地后，母亲想让他健壮且永生，把他放在天火里锻炼，又捏着他的脚踵，把他倒浸在冥河水里浸泡。就这样，阿喀琉斯的身体弯成钢筋铁骨，刀枪不入，只有脚踵部位因为没有沾到冥河水，成为他唯一的弱点。在特洛伊战争中，阿喀琉斯英勇无敌，所向披靡，特洛伊的任何武器都无法伤害他的身躯。后来，太阳神阿波罗把阿喀琉斯的弱点告诉了特洛伊王子帕里斯。帕里斯将阿喀琉斯诱到城门口，用毒箭射中他的脚踵，阿喀琉斯负伤而死。

阿喀琉斯像

希腊阿喀琉斯宫

集锦折中

19 世纪上半叶至 20 世纪初，维多利亚女王推崇自由、浪漫、无原则的折中主义设计，历史上的各种风格都可以“为我所用”，百花齐放，自由组合。折中主义讲求比例均衡，形式美观，很快盛行于欧美各国，并影响至今。1875 年建成的法国巴黎歌剧院是折中主义的杰出代表。

法国巴黎歌剧院

建筑故事　末代皇后

1853 年法国末代皇帝拿破仑三世宣布与欧仁妮结婚，“我喜欢一位我所爱、所尊重的女子，更甚于一位陌生的与其联姻将利弊兼而有之的女子”。婚后，欧仁妮皇后很快成为欧洲最有名的女人之一。和当时的奥匈帝国皇后茜茜公主不同，欧仁妮皇后外表和内心都很精明。

1858 年法国巴黎发生爆炸案，正在欣赏歌剧的拿破仑三世和欧仁妮皇后幸免于难。拿破仑三世决定修建一座巴黎歌剧院，以确保他听歌剧时的安全。

巴黎歌剧院规模宏大，装饰精美细致，金碧辉煌。

当年，在巴黎歌剧院施工时，碰到地下水层，工人们不得不花费 8 个月的时间，把水抽干。为了使建筑更坚固，地下室的墙和地板都做成双层的防水结构。为保证墙两侧水压平衡，内部灌满水，形成 6 米深的暗湖。

法国大革命时，这里用作监狱，关押要犯，里面经常发出恐怖的叫声。暗湖的水每 10 年更换 1 次，湖底淤泥里还能发现当年留下的铮铮白骨。

巴黎歌剧院的结构复杂，地下修筑了 6 英里（约 9.66 千米）长的暗道，为皇帝提供紧急逃生的通道。

歌剧院顶部的水晶吊灯重达 7 吨多，1896 年曾掉下来砸死了一位女士，这个故事后来被写成了著名的音乐剧《歌剧魅影》。

欧仁妮皇后画像

水晶宫盛世

1851年，英国政府准备在伦敦海德公园内举办首届世博会，向全世界展示最新的科技产品。维多利亚女王的丈夫阿尔伯特亲王亲自督阵，为保护公园原有的树木，他力排众议，最终采纳“水晶宫”方案，建了一座花房式铸铁-玻璃结构的展厅。这座展厅长564米，宽124米，共3层，总面积7万多平方米。建造时，设计师根据公园树木的实际高度，在水晶宫中央增加了巨大的拱顶。

建造水晶宫，英国人采用了工厂生产的标准化预制构件，现场装配，工期仅6个月。建成后的水晶宫，形象轻快明亮，令人耳目一新。半年内，水晶宫展出最新科技成果14000多件，接待600多万人参观。这座原本用于展示的临时场馆，竟然成为世博会上最成功的展品。1854年，水晶宫被迁到伦敦郊区，后来失火焚毁。

水晶宫

没想到水晶宫成了博览会最抢眼的展品，它不但保护公园的树木，还小赚一笔。

维多利亚女王

涂涂画画 英国水晶宫

建于外筑于心

建筑故事 爱的象征

埃菲尔铁塔的设计者古斯塔夫·埃菲尔默默无闻时遇到了美丽而聪明的女孩玛格丽特，对她一见钟情。在玛格丽特的鼓励下，埃菲尔发奋学习，考入法国国立工艺学院。毕业后，他与玛格丽特携手走进婚姻的殿堂。在妻子的支持下，埃菲尔的事业蒸蒸日上。相伴 15 年后，玛格丽特突然病逝，埃菲尔非常难过，他拼命地工作以忘记痛苦。

1887 年，法国政府为筹备巴黎世界博览会计划建造一座高 300 米的高塔，以超过美国建造的高 169 米的华盛顿纪念碑。为此，巴黎举办国际竞赛征集方案，埃菲尔的设计方案在竞赛中胜出。当时，巴黎政府只能提供 1/5 的工程资金，资金严重短缺。埃菲尔毫不犹豫地将他的公司和全部财产抵押给银行，使工程获得所需的 130 万美元短缺资金，他获得铁塔 20 年的经营收入。

埃菲尔工作严谨，在他的指挥下，铁塔 5329 张图纸设计精准，没有一处错误，18038 个构件严格编号，装配过程中未做任何修改。

玛格丽特去世后，埃菲尔一直没有再婚。晚年，他经常登上埃菲尔铁塔的顶端，在离天堂最近的地方，大声呼喊："玛格丽特，我爱您！"多年以后，这份爱的表白依然回荡在巴黎的上空，埃菲尔铁塔也因此成为爱的象征。

涂涂画画 埃菲尔铁塔

手工艺美术

19 世纪下半叶，在工业革命背景下，大规模机械生产导致设计水平下降，产品粗制滥造，价格低廉，严重威胁传统手工业的发展，由威廉·莫里斯、约翰·拉斯金等设计师发起的手工艺美术运动，反对工业革命大生产带来的过分装饰、矫揉造作的维多利亚风格，提倡复兴哥特时代的手工艺，并通过设计体现自由民主思想。

威廉·莫里斯

嗯，嗯，尽管如螳臂当车，还是要否定工业化和机械化生产，因为工业产品太冰冷，缺乏人性。需要提倡自然材料和传统手工艺。

建筑故事　诗人的爱巢

诗人威廉·莫里斯出生于一个英国富豪家族，最初靠祖辈的铜矿收入过着富足的生活。婚后，他在伦敦郊区肯特郡建造红屋，作为自己的爱巢。建筑使用红砖、瓦顶和天然材料砌筑，染色玻璃、墙纸、地毯、地板、家具和陈设等都采用传统手工制作，富有浪漫自然的田园风情，摆脱了维多利亚时期繁琐的机械花边与粗糙的线脚装饰。

1861 年，莫里斯组建公司探索绘画、雕刻、家具和金属的手工艺美术，生产精美的传统手工艺家居用品，提高人们的生活品质。公司很快凭借创新的设计和出色的制造工艺而誉满四方，但这些产品的工艺复杂、价格高昂，无法被大众接受，最大的客户是教堂。公司没有利润，很快入不敷出。莫里斯原有的铜矿收入也不断减少。

此时，莫里斯的婚姻也出现危机，悲伤的莫里斯离开了生活 5 年的红屋，留下了一首爱的诗篇：

爱就足矣，哪怕万物凋零，
森林无语，只有呜呜悲鸣，
哪怕天色昏暗，模糊的双眼不能望见，
金盏花和雏菊天边争艳，
哪怕峰峦如影，海洋如谜，
岁月如纱，遮掩所有往事旧迹，
双手不会颤抖，脚步不会犹疑，
单调不会厌倦，畏惧不会改变，
爱人们彼此相对的唇和眼。

英国伦敦肯特郡红屋

新艺术的曲线

19 世纪末至 20 世纪初，萨穆尔・宾在法国巴黎开设了一家东洋古董店，名为“新艺术之家”，店内出售东方瓷器、漆器、木刻、日本江户时代浮的世绘等艺术品及其仿制品。这些艺术品从自然中抽象出流畅、婀娜的线条，展现清新的东方风韵。萨穆尔・宾与朋友合作，掀起一场新艺术运动。新艺术运动延续工艺美术运动的自然植物造型，强调手工艺，同时采用工业化生产的新材料以及新技术，为艺术提供新的表现形式。

建筑故事　高迪之城

安东尼奥・高迪家境贫寒，很小便开始一边学习一边赚钱养家。学生时代，高迪作为建筑师的助手参加了巴塞罗那一些重要建筑的设计。

在大学里，高迪的毕业设计引起了很大争议，但最后还是通过了。校长感叹地说：“真不知道我把毕业证书发给了一位天才，还是一个疯子！”

高迪性格孤僻、古怪，但他的合伙人欧塞维奥・古埃尔从不在意，他认为高迪是一位建筑天才：“正常人往往没有什么才气，而天才却常常像个疯子。”

高迪终生未娶，除了工作，别无所求。他的身边只留两个徒弟工作，多一个他都嫌烦。高迪吃得比工人还简单，甚至还经常忘记吃饭，他的徒弟只得塞几片面包给他充饥。高迪的穿着更是邋遢随便，一套西装穿几年，又脏又破，走在路上经常被当成乞丐。

1926 年 6 月 10 日，巴塞罗那庆祝有轨电车通车，刚刚启动的电车撞死了一位老人。人们以为是一个乞丐，但一位老太太认出这个老人就是安东尼奥・高迪——巴塞罗那最伟大的建筑师和最杰出的公民，西班牙的骄傲！出殡那天，巴塞罗那全城的人都出门为他送葬、致哀！人们将高迪安葬在他设计的圣家族大教堂地下墓室里。

高迪为巴塞罗那留下了 18 座神奇的建筑，其中有 17 项被列为西班牙国家级文物，3 项被列入世界文化遗产。世界上没有哪座城市像巴塞罗那这样，因一个人而熠熠生辉；世界上也没有哪个人像高迪这样，因一座城而永垂不朽。在巴塞罗那城的宣传册上，人们自豪地写道：“整个巴塞罗那都是高迪的。”

建筑故事　巴特罗之家

1906 年，高迪以圣乔治勇斗恶龙的童话故事为背景设计的巴特罗之家建成，在巴塞罗那引起轰动。巴特罗之家塑造出加泰罗尼亚童话背景：一位美丽的公主被恶龙困在了城堡里，英雄圣·乔治为救出公主与恶龙展开搏斗，用剑杀死恶龙，恶龙的血变成一朵鲜红的玫瑰花，乔治把它献给公主。建筑没有棱角，十字架形的烟囱，龙脊状的屋顶蜿蜒起伏，脊骨状的楼梯弯转，彩绘玻璃映衬着面具形态的阳台，瓷砖似镜面般闪烁，天花似漩涡般旋转，镜面泛着涟漪，整栋建筑犹如在海洋世界里飘荡。

巴特罗之家

建筑故事　米拉之家

巴塞罗那的富翁佩雷・米拉和妻子参观了巴特罗之家后，非常羡慕，邀请高迪为他们建造一座更加美丽的米拉之家，并答应高迪给他充分的创作自由。

工程热火朝天地开工了。米拉焦急地等待着，为什么还没有工程图纸？也没有预算？连一个设计方案都没有？……高迪一言不发。数天后，高迪拿着一张皱皱巴巴的纸对米拉说："这就是米拉之家设计方案！"米拉看后，抓住自己的钱包捶胸顿足。高迪却胸有成竹地说："这栋建筑奇特的造型，将与巴塞罗那周围千姿百态的群山相呼应。"

6 年后，米拉之家终于完工，但米拉夫妇对这个新家并不满意，嫌它没有达到期待的华丽效果，建筑高而不贵、大而不美，显不出贵族的高贵、典雅与威严。还好，这栋米拉之家最终被保留了下来。

安东尼奥・高迪

直线属于人类，
曲线属于上帝。

西班牙米拉之家

浴火重生

路易斯·沙利文是现代摩天大楼的奠基人，也是芝加哥学派的中坚人物，他提出“形式追随功能”的口号，并开创了将高层建筑分为基座、标准层和顶部三段的处理手法。

芝加哥学派强调新技术在高层建筑中的应用，主张简洁的网格立面、建筑工业化，创造出整开间设置的大玻璃的“芝加哥窗”以及高层金属框架结构和箱形基础。

形式追随功能，
摆脱折中主义的羁绊，
强调新技术的应用，
简洁的立面，
是工业时代的精神。

路易斯·沙利文

建筑故事 芝加哥大火

1871 年，一头倔强的奶牛踢翻了牧场草堆上的油灯，制造了惨绝人寰、震惊世界的芝加哥大火，摧毁了这个当时美国发展最快的城市。火灾后，芝加哥开始大规模重建，城市迅速扩张，芝加哥学派也随之发展起来。

温莱特大厦

自由的分离派

建筑故事　严师高徒

奥托·瓦格纳是奥地利著名建筑师、分离派思想的缔造者，也是一位影响深远的教育家。他认为建筑师的培养是终生的事情，需要不断地更新知识，与时俱进。

1894 年，瓦格纳在维也纳美术学院发表就职演讲，他直率地说：“不要认为我可以把你们每一个人都变成建筑师。”建筑师需要有先天素质、知识的掌握能力、强烈的使命感、经验和开阔的眼界，缺一不可。先天素质包括想象力、品位及手工技能，三者缺一不可。他认为没有先天素质的学生学习建筑是在浪费时间。

但是，非常讽刺的是，瓦格纳自己的儿子偏偏缺乏这种“先天素质”。瓦格纳曾无奈而忧虑地说：“我从未见过如此缺乏艺术才能，又没品位的建筑师。如果让他来完成我未来的作品，我十分担心，他会做成什么样子。”

维也纳美术学院对学生的挑选非常严格。希特勒曾经两次报考维也纳美术学院，都因为绘画技巧“不令人满意”，而被拒之门外。学校对设计的要求是达到 100 分，50 分、80 分都不行。您如果说：“这个设计达到了 80 分，算合格。”然而却收取了不低的设计费用，那是不行的。

在如此严格的筛选和培育下，维也纳美术学院人才辈出。1897 年，在瓦格纳的指导下，其弟子奥别列兹、霍夫罗等人发起维也纳分离派运动，反对传统艺术规范，主张艺术与现代文化融合，与现代生活融合。

1898 年奥别列兹设计建造的展览馆是维也纳分离派的标志性作品，建筑体型方正，表面光滑整洁，球形穹顶由着一片片金色的月桂叶构成，门楣上刻着分离派运动的口号——“时代的艺术，自由的艺术”。

维也纳分离派展览馆

分离派提倡造型简洁，
并集中装饰。
装饰的主题采用直线、
大片光墙面及简单的立方体。

奥托·瓦格纳

德国包豪斯校舍

包豪斯随心而动

建筑故事 致信政府

1918 年第一次世界大战结束时，德国失去了大片国土控制权，近 3/4 的城市在战火中成为一片废墟，德国政府被迫接受苛刻的停战条件，德军交出 5000 门大炮、15 万辆车、全部的海军和空军、5000 台火车头……战败的阴影笼罩着整个德国。

这时，在德国中部的小城魏玛，一位名叫沃尔特·格罗皮乌斯的设计师却与沮丧的同胞不同，他以极大的热情致信政府，畅谈战后德国重建所需设计人才的紧迫性，建议创立新艺术与工业相结合的教育体系。他指出，随着工业革命的发展，工业化生产必将进入未来社会的各个领域，传统的设计理念和风格会阻碍产业的现代化，在国家百废待兴之际，成立一所致力于现代设计的学校是当务之急。

信发出去后，格罗皮乌斯的朋友们都认为他疯了。他们认为，别说在魏玛，就是在整个德国，建一所医院、建一座住宅远比成立一所设计学校重要得多。

但是，当时的政府非常关注重振德国经济的一切建议，政府官员们也认识到教育在战后重建和稳定发展中具有举足轻重的作用。政府仅用了两个月的审议时间，就采纳了格罗皮乌斯的建议。

1919 年 3 月 16 日，政府任命格罗皮乌斯为包豪斯国立建筑设计学院的校长。

包豪斯学校注重培养建筑师的方案设计能力，鼓励和启发学生进行创新，推崇自主、自由地创作；主张从幼儿园开始训练和培养设计思维，让孩子自由随意地拼搭、涂抹，激发其想象力；要求教师不修改学生的作品，保护学生的想象力；强调设计师自主地跟随内心进行创作，认为心灵是最基本的、第一位的，设计来自内心。

第二次世界大战期间，纳粹军队占领并解散了包豪斯学校。虽然包豪斯学校在世界上仅存在了 15 年，但作为世界上第一所设计教育学院，它为现代设计教育体系奠定了基础。包豪斯倡导的实用设计理念和方法，将现代建筑与设计推向新的高度，使之产生了广泛而深远的影响。

然而包豪斯也存在着一些问题，它的设计美学理论过于抽象与深奥，在一定程度上阻碍了其理论的传播与发展。严格的几何造型和对新材料的推崇使产品冷漠，缺乏人情味。包豪斯过于追求创新，主张与传统决裂，忽视了地域性和历史文脉，形成了千城一面的“国际式”风格，对于各国的传统文化产生了巨大冲击。

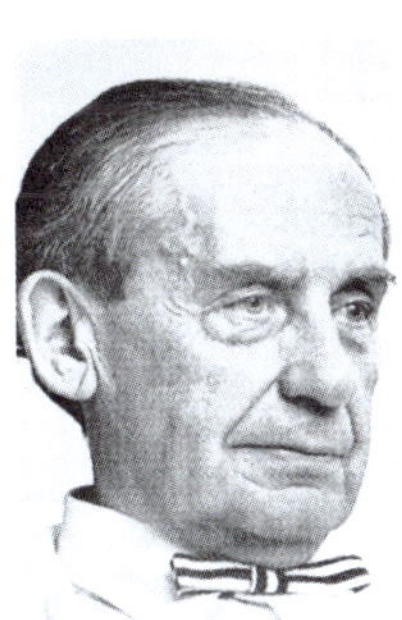

格罗皮乌斯

我鼓励、启发学生的想象力，让他们自发地随意性创作。

风格派的计算

建筑故事　求同存异

1917 年，杜斯堡、蒙德里安、里特维尔德、杜斯堡等几位先锋艺术家在荷兰共同创办《风格》杂志，大力宣传几何抽象主义设计，其设计作品艳而不俗轻松自然，画面反复应用几何线条进行分割，并以红、蓝、黄三原色进行装饰，人们将这种流派称为风格派。

1921 年杜斯堡离开荷兰，到中欧各地巡回演讲。在包豪斯，杜斯堡参观了学校大规模的设计工厂与设计试验，感觉耳目一新。他对包豪斯的设计与实践紧密结合的教学模式非常赞赏，很快决定把《风格》杂志迁到包豪斯来出版。他在包豪斯的演讲中赞扬了格罗皮乌斯建立新型设计学院的行动，同时又尖锐地批判了包豪斯的发展方向。他的批评不是空泛肤浅的攻击性言论，而是具有鲜明的理论依据和实质性建设内容的意见。杜斯堡的意见是非常积极的，他真诚地希望包豪斯能够找出问题，提高水平，向更好的方向发展。

格罗皮乌斯非常重视杜斯堡的批评，他认为“合而不同，求同存异”，学校应当包容不同的观点——这对学校的发展是非常重要的，有异议，教学才能保持健康发展。1921 年 4 月，格罗皮乌斯聘任杜斯堡为包豪斯教师。

杜斯堡将风格派的设计理念带到了包豪斯，他讲授的课轰动一时，受到学生们的极大欢迎。杜斯堡对包豪斯学校产生的影响，直接而显著地体现在师生的作品中。格罗皮乌斯本人也受到杜斯堡的影响。

杜斯堡

通过基本形、颜色的重复、
位置的错落、方向的变化达到左右均衡。
分割要通过冷静的数学计算，
才能达到视觉上的平衡。

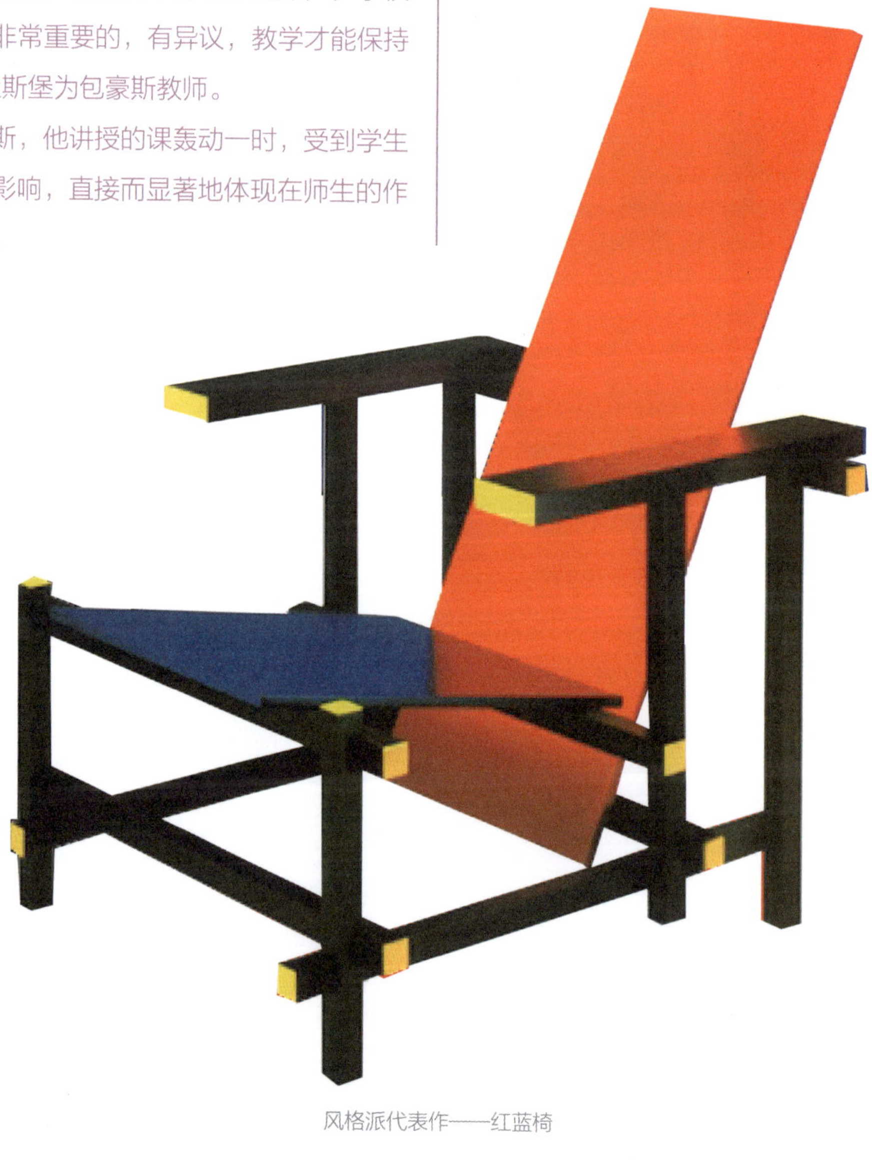

风格派代表作——红蓝椅

涂涂画画 克莱斯勒大厦

摩登时代的光明顶

建筑故事 秘密尖塔

20 世纪二三十年代是个摩登时代，就像卓别林的影片中描述的一样。艺术装饰风格表现出城市小资们追求的豪华、奢侈、新奇和现代感，“摩登”成了它的同义词。

当时，建筑业竞相建造世界最高摩天大楼，显赫的克莱斯勒汽车公司在纽约建造总部大厦，希望建成世界最高的摩天大楼，可是设计方案公布没多久，就被曼哈顿银行大厦的设计高度超过了。为了争回世界第一高楼的殊荣，克莱斯勒大厦的建筑师暗中修改方案，增加尖塔，并在大厦内部秘密建造了高 56.3 米的尖塔。尖塔被分成四个部分运送至工地，在大厦落成典礼前，工人们在短短的 90 分钟内完成组装，77 层大厦的高度达到 320 米，超过了刚刚落成的曼哈顿银行大厦，终于成为当时世界最高建筑。

克莱斯勒大厦尖塔上一圈圈放射状的线条、宝石似的造型很快成为摩登时代的时尚语言，被设计师不断效仿。

有机建筑

1932 年，弗兰克·劳埃德·赖特在《宽阔的田地》一书中提出广亩城市的设想：城市设计应采用分散的、低密度的生活、居住、就业相结合的形式。每户有 1 英亩土地，生产供自己消费的食物和蔬菜。居住区之间应以高速公路相连，公共设施沿公路分布在商业中心之内。

赖特同时还提出“有机建筑”理论，建筑应该像从基地中生长出来的一样，与周围的环境相和谐。赖特一生完成作品 1100 个，其中大量建筑作品是低矮的“草原式住宅”风格。

建筑故事　古根海姆家族

古根海姆是一个靠采矿发展起来的犹太富豪家族，后来还涉足出版、航空和赛马等行业。1959 年，赖特为这个家族设计了纽约古根海姆博物馆，展厅 6 层沿缓坡螺旋上升，展品悬挂在坡道两侧，观众可以边走边欣赏展品。

现在，古根海姆博物馆已经扩张到欧美多个地方，建成 4 个分馆，成为全球性艺术文化经济平台。它与地方政府合作，通过艺术旅游等手段刺激和促进地区经济增长、扩大城市影响力。

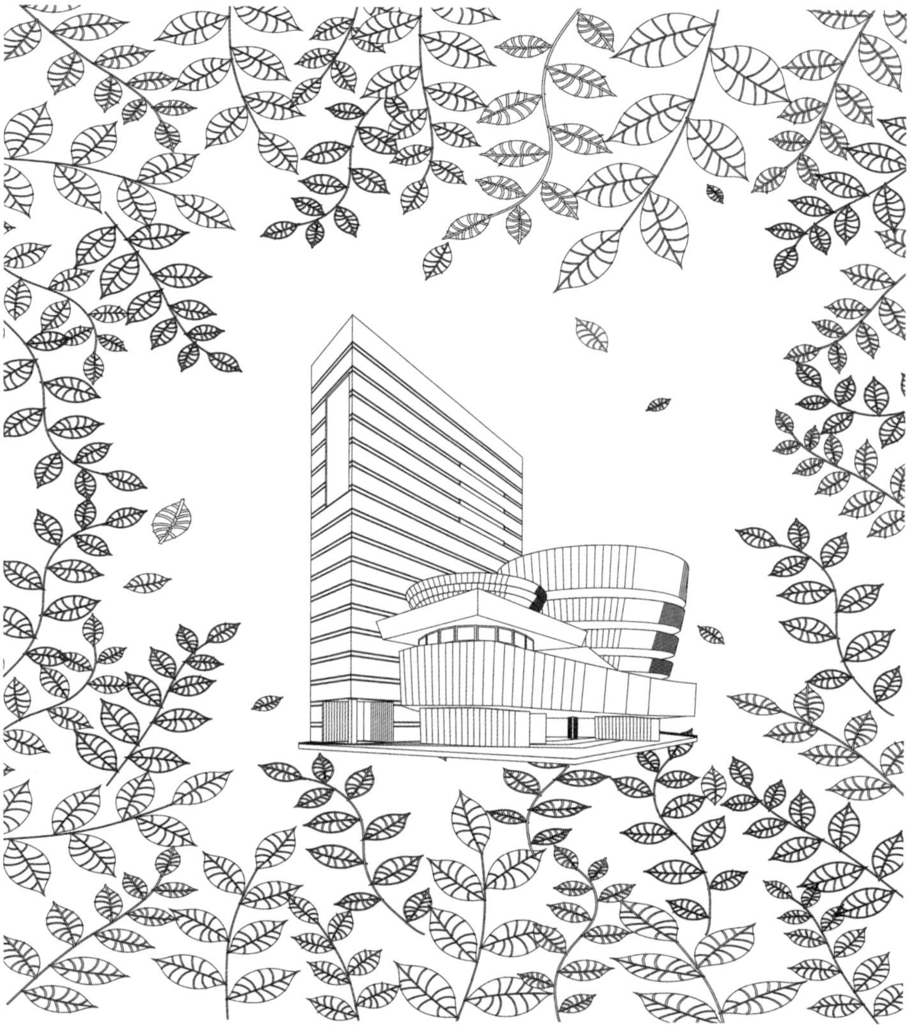

涂涂画画　纽约古根海姆博物馆

理性空间

20 世纪的两次世界大战后，人们在灾难深重的废墟中，重建家园，并探索出现代建筑的理性主义发展方向，强调建筑的经济性、功能性和工业化生产。

1928 年，德国建筑师密斯·凡·德·罗，提出“少就是多”、流动空间、开放空间、方格网构成的通用空间等设计理念。

范斯沃斯住宅

建筑故事　住宅风波

1950 年，密斯为女医生范斯沃斯设计了世界上第一栋玻璃幕墙住宅。此住宅面积不到 200 平方米，像一座晶莹夺目的“水晶宫”建在一条风景秀丽的小河旁。

但是玻璃幕墙私密性差，隔热保温性能不好，夏天闷热，冬天冰冷，晴天的阳光反射令人头晕目眩，夜晚的灯光引来无数蚊虫。由于流动空间过于开放，朋

少就是多！

密斯·凡·德·罗

心之所向，素履以往，生如逆旅，一苇以航。
三月桃花，四月欢唱，两人一马，明日他乡。
流浪陌路，暖然绯凉，阡陌人生，尽是繁华。
不畏人言，不负己心，山高梦远，再看鱼翔。

西格拉姆大厦

友来了，无处安置，而且房屋造价比原计划超出了 85%。更令人意想不到的是，河水泛滥之时竟破门而入，家具都漂了起来，女医生一气之下将密斯告上法庭。

密斯站在法庭上，诚恳地说："当我们徘徊于古老传统时，我们将永远不能超出传统的框子，特别是在高度的物质发展和城市繁荣的今天，应对房子有更高的要求，尤其是在空间结构和选材上。第一个要求就是把建筑的功能作为设计的出发点，空间内部开放而灵活，这对现代人的工作、学习和生活非常的重要……这座房子有如此多的缺点，我只能说对不起，并愿意承担一切损失。"女医生被密斯真挚的态度感动了，主动撤回了起诉。

这场风波后，没人敢请密斯设计住宅，人们不需要好看但不好住的房子。不甘失败的密斯告别德国，来到美国。经过一番苦心研究后，他找到了一种染色玻璃制作幕墙。1952 年，密斯设计了 38 层的纽约西格拉姆大厦，其外立面由紫铜窗框的染色玻璃幕墙围合，简洁细致、典雅考究。这座高 158 米的大厦，后来成为理性主义建筑的杰出代表作。

云端双塔

建筑故事 谦虚的设计

西萨・佩里是一名谦虚而有耐心的建筑师，他非常重视客户的需求，会根据客户需求设计多套方案，供客户选择。他说：“我喜欢给客户提供多种合理的方案，虽然它们并不是最完美的，但总会有几个适合客户的。”

西萨・佩里关注环境与文脉对建筑的影响，在马来西亚吉隆坡石油双塔的设计中，借鉴当地伊斯兰文化艺术中的星形图案元素设计了双塔平面。他虔诚而艺术地表现星形玻璃幕墙，使这座地上 88 层、452 米高的建筑成为现代建筑讲求技术精美的代表，连接双塔的空中走廊后来成为美国电影《偷天陷阱》中漫步云端的取景地。

涂涂画画 马来西亚吉隆坡石油双塔

粗野主义

勒·柯布西耶出生在瑞士，他思想活跃，多才多艺，一生留下了 50 多个建成项目、50 多本著作和大量文章，他的设计作品涵盖绘画、家具、建筑和城市规划等艺术领域。他是现代设计的激进分子，始终站在设计发展潮流的前列，不遗余力地推动现代设计的发展，瑞士人骄傲地把他印在 10 元瑞士纸币上。

柯布西耶强调机械的美，认为设计应不受任何传统形式的约束，但应考虑功能和经济因素，因而他的设计作品更加具有合理性。柯布西耶在城市规划方面提出了许多具有远见卓识的设想：市中心建设超高层建筑，降低建筑密度，底层架空做花园，立体交叉道路解决城市交通拥挤问题等。

建筑故事　大师的烦恼

1931 年，柯布西耶设计的萨伏伊别墅完工，它汇聚了当时新建筑的五个亮点：底层架空、屋顶花园、自由平面、横向长窗 、自由立面。很快，萨伏伊别墅得到了全世界建筑评论家的热情赞扬。可是，萨伏伊全家入住一星期后，儿子罗歇卧室的屋顶就开裂漏水，致使这个可怜的男孩感染肺炎，住院一年才康复。别墅使用 6 年后，萨伏伊夫人痛苦地抱怨：“大厅里在下雨，坡道上在下雨，车库的墙被水浸，我的卧室里也在下雨，而且雨水还会从天窗漏下来。”

柯布西耶热爱设计，时刻准备着与任何政体结盟以寻求工作机会。他曾与法国右翼民族主义打成一片，也加入过通敌卖国的政权。他既愿意为斯大林工作，也愿意为墨索里尼服务。第二次世界大战后，他流浪于亚洲和非洲，并服务于新独立的印度。

最后，他回到法国，并抛弃了自己创造的国际形式，在法国东部的浮日山区设计建造了没有一条直线的朗香教堂。他自豪地宣布：“这是上帝的耳朵，上帝可以在这里听到祈祷的声音。”这座粗糙的水泥教堂让柯布西耶的追随者和反对者都不知所措，它带着混凝土浇筑时的板缝，质感沉重、毛糙而粗野，既新奇，又独特。朗香教堂是粗野主义建筑的典型代表，也是天才的神来之笔。

建筑是居住的机器。

勒·柯布西耶

法国朗香教堂

典雅主义

建筑故事 固若金汤

“9·11”恐怖袭击事件前，本·拉登曾把西尔斯大厦列为第一攻击目标，但考察发现西尔斯大厦固若金汤。高443米的大厦束筒结构由九个小竖筒组成，像九根捆在一起的筷子，很难袭击到中心部位。而且，塔楼九宫格方形平面逐渐上收，撞击面小，破坏力也小。

西尔斯大厦楼顶的三名空中雷达扫描员，虽然多年来从未发现过可疑飞行物，但依然坚持每天紧盯着雷达。安检保安认真敬业，即便是每天给大厦厨房送两次蔬菜的“老熟人”，保安每次都要认真核查身份证和通行证，做好记录，然后才允许进行电子安检。西尔斯大厦严密的安保令本·拉登大为头痛，于是恐怖袭击计划放弃了西尔斯大厦，把目标转向纽约世贸中心大楼。

纽约世贸中心大楼的框架筒结构如同一根筷子，只要击毁中心筒，大厦会像多米诺骨牌一样发生连锁坍塌。大楼外立面向上没有任何收缩，撞击面大，破坏力也大，且双塔距离近，容易实现“一石二鸟”的连环撞击。

涂涂画画 美国西尔斯大厦

翻肠倒肚

1969 年，法国总统乔治·让·蓬皮杜为纪念第二次世界大战戴高乐总统带领法国击退希特勒，在法国巴黎兴建国家艺术文化中心。中心内部功能分为工业创造中心、大众知识图书馆、现代艺术馆以及音乐音响谐调与研究中心四大部分。

最初，设计师伦佐·皮亚诺和理查德·罗杰斯期望这座建筑的楼板可以上下移动，可以调整层高，借此向世界展现法国现代高科技成果。整座建筑有 6 层，长 166 米，宽 44.8 米，高 7 米，由 28 根圆形钢管柱支撑，楼板由 48 米跨度的钢桁架托着，只要钢桁架上下移动，楼板便跟着移动。

设计师伦佐·皮亚诺和理查德·罗杰斯将建筑的柱子、楼梯、自动扶梯及管道等都布置在室外，这样，楼板移动时就不受任何阻隔。万事俱备，只欠东风，遗憾的是当时的技术无法实现钢桁架承托楼板上下移动的设计构想。尽管如此，这座建筑的设计过程却为人们未来的设计创新奠定了基础。

工程竣工后，整座建筑看起来像一座大工厂，钢结构和管线外露，空调管道漆成蓝色，水管漆成绿色，电力管道漆成黄色，自动扶梯的底部漆成红色。

1974 年，蓬皮杜总统因病逝世，未能看到大厦的完工，人们为了纪念这位不遗余力推动技术创新的总统，在此建筑启用时，将其命名为乔治·蓬皮杜国家艺术文化中心。

强调当代工业技术成就与时代感，崇尚“机械美”，暴露结构及各种设备管道。

伦佐·皮亚诺

支持创新！

蓬皮杜总统

建筑故事 “五月风暴”与高技派

1968 年 5 月，法国爆发了一场学生罢课、工人罢工的群众运动——“五月风暴”。1000 多万名法国人参加了这场运动，工厂停工 1500 万个工作日，直接导致几十万法郎的物质损失。

1968 年 7 月，法国总理乔治·让·蓬皮杜被迫辞职。

1969 年 4 月，法国全民公投否决了戴高乐总统的政治改革计划，戴高乐总统辞职以示负责。同年 6 月，法国再次全民公投，蓬皮杜当选总统。

1970 年 11 月，戴高乐总统病逝。

“五月风暴”之后，伦佐·皮亚诺、诺曼·福斯特等设计师寻求创新，设计革命的思想席卷全球，建筑造型、风格上出现注重表现“高度工业技术”的设计倾向。高技派宣扬当代工业技术成就，炫耀机械美，暴露梁板、网架等结构构件以及风管、线缆等各种管线，强调工艺、技术和时代感。法国巴黎乔治·蓬皮杜国家艺术文化中心、中国香港汇丰银行都是高技派建筑的成功实例。

法国巴黎乔治·蓬皮杜国家艺术文化中心

高技派要翻肠倒肚，暴筋露骨！

探寻乡情

建筑故事 东方尊严

与柯布西耶式冷硬的混凝土“机器建筑”相比，日本丹下健三和芬兰阿尔瓦·阿尔托等设计师致力创造的建筑更有人情味与地方文化属性，他们为冰冷的现代建筑增添了许多柔和亲切的面孔。

丹下健三才华横溢，是一名难逢对手的设计师。他掌握现代建筑的所有设计手法，深刻地理解建筑的精髓，强调建筑的人情化：“虽然建筑的形态、空间及外观要符合逻辑性，但建筑还应该蕴含直指人心的力量。这个时代的创造力应该是将科技与人性完美地结合。”

更令人佩服的是，丹下健三具有精明的政治思想。他能用自己的方案说服意大利的共产主义者，也能满足日本保守派的需求，由他主导的建筑项目遍布世界各地。丹下健三的作品既具有高度现代感，也蕴含东方韵味。他是日本建筑的脊梁，他让日本设计、日本建筑不再对西方俯首称臣，而是充满自豪地走自己的道路—— 一种更东方、更细腻的文明复兴之路。丹下健三设计的现代建筑香川县厅舍吸收了日本古建筑五重塔的精髓，通过混凝土小梁变换排列组合，形成椽子的韵律，富有浓厚的日本风格。此后，这种手法被许多日本建筑师效仿。

古人云：
思深语近，韵律调新，
属对无差，而风情宛然。

虽然建筑的形态、空间及外观要符合逻辑性，
但建筑还应该蕴含直指人心的力量。
这个时代的创造力，
应该是将科技与人性完美地结合。

丹下健三

日本香川县厅舍

泪洒悉尼

1956 年，设计师约翰·伍重得知悉尼正在征集歌剧院的设计方案，他从桌子上的一堆橙子皮中获得灵感，勾了一幅草图，寄给组委会。

初选时，伍重的设计方案被淘汰。后来，评审组组长沙里宁提出要看所有的参赛方案，从废纸篓里翻出了伍重的方案。看到这个方案，沙里宁欣喜若狂，力排众议，确定伍重的方案获胜。

建设之初，歌剧院估算投资为 350 万英镑，预期 1963 年落成使用。但工程进行中，建设经费一次次地突破预算，工程不得不一次次地停下来，等待政府审批追加经费。几年过去，歌剧院成了“烂尾楼”，社会上一片责难声。

1965 年，悉尼歌剧院工期延误和成本昂贵导致新南威尔士州工党政府下台。自由党抨击工党把大量财力用于歌剧院的建设，而忽略医院和其他福利事业的投资，置人民生死于不顾。尔后，上台的自由党政府拒绝为工程追加投资。伍重把自己的设计费全部拿出来给工人发工资，但工程还是无法继续进行，无奈之下，伍重辞职，挥泪告别悉尼。

1973 年，悉尼歌剧院终于建成，比预期整整晚了 10 年。工程总造价 5000 万英镑，是最初估算的 14 倍多。然而，出乎意料的是，歌剧院一经启用，好评如潮，其独特、富于个性和象征意义的造型引起了世界范围内的广泛关注，每年都有数百万人出席在这里举行的各种活动，参观者络绎不绝，两年后政府就收回了全部投资。

涂涂画画　澳大利亚悉尼歌剧院

后现代的鸟

美国建筑师罗伯特·文丘里在大学时代就反对“少就是多”的观点，他提出“少就是烦”。后来，他提出后现代设计手法，运用象征性、隐喻性、多义性和戏谑性的建筑语言，表现装饰设计的形式变化、历史文化的文脉延续，以及与现有环境的融合。

迈克尔·格雷夫斯

建筑故事 多产大师

初出茅庐的迈克尔·格雷夫斯把多数精力倾注于纸上谈兵，直到 20 世纪 70 年代，他一直有些怀才不遇。到了 80 年代，建筑界全面转向后现代，他才咸鱼翻身，红极一时，而且成为后现代建筑师的偶像。

格雷夫斯是位设计全才，建筑、家具、陈设、首饰、钟表及餐具设计等，他都有所涉足。当时美国的钟表店、服装店等商店里，总能看到格雷夫斯设计的产品，小到耳环、皮钱夹，大到电话机、水壶、钟表等，品类繁多。

1985 年格雷夫斯为意大利阿莱西公司设计的小鸟水壶被视为后现代主义的经典作品，这把水壶的壶嘴处有一只可爱的塑胶小鸟，水烧开时能发出鸟鸣声；壶柄有蓝色的拱形垫料，可保护手不被金属把柄烫伤；壶底很宽，能使水迅速烧开；壶盖便于打开清洗。

最初，制造商认为格雷夫斯提出的 7.5 万美元设计酬金过于昂贵，但事实证明引进生产小鸟水壶是明智的决定，这款水壶迄今已销售 200 多万把，成为阿莱西公司历史上最好卖的产品之一。

格雷夫斯热衷于后现代建筑设计，他在波特兰市政厅、迪士尼天鹅旅馆等建筑设计中，用浓重的装饰绘画渲染气氛，创造出如童话剧舞台布景般的建筑。迪士尼乐园几万平方米的旅馆以及旅馆中的一切，都是格雷夫斯的作品，他几乎成了迪士尼公司的专用建筑师。

从古典构件中抽象出建筑装饰，
大胆用色，
摆脱钢筋混凝土与玻璃幕墙
形成千城一面的国际主义，
使冷冰的火柴盒式现代建筑走向多元。

少就是多！
Less is a more !

哼！少就是烦！
Less is a bore !

美国迪士尼天鹅旅馆

解构女杰

扎哈·哈迪德被誉为最优秀的“解构主义大师”，但在她看来，任何主义都是哗众取宠，她用肆无忌惮的方式表达无绝对权威的、个人的、非中心的、恒变的、凌乱的思维。

扎哈终生未婚，她将生命注入作品，随心所欲地表现自然、多元的动态构成效果。她像女神一样活跃在建筑世界里，成为男人堆中的女霸主，大胆而奔放。

有人认为扎哈的成功是一种幸运，扎哈纠正说：“不！是努力！我花了数倍于他人的努力！没有一天放过自己！”扎哈崇尚勤奋工作的价值观，一生都处在向死而生的血拼中，几乎没有超过连续三小时以上的睡眠时间，不停地奔波于世界各地。她在罗马国立 21 世纪艺术博物馆开工仪式上说：“在过去的 20 年中，我工作辛苦，但充满乐趣，我要告诉在座的女建筑师们，不要放弃！”

中国广州大剧院室内

中国广州大剧院

看这天花板多么自由！
随心所欲！
像海浪？

扎哈·哈迪德

扭转乾坤

广州塔高 600 米，塔身由两个彼此扭转 360° 的椭圆结构构成，一个位于基础平面，另一个位于地面以上 450 米处。塔身表皮为渐变网格钢结构，由 24 根立柱、斜撑和 46 个钢质椭圆环交叉构成，形成镂空、开放的空间。塔身结构两端网格疏松，腰部收缩变细，网格密集，既体态轻盈，又有利于降低风荷载。

涂涂画画 中国广州塔

帆船酒店

迪拜是阿拉伯联合酋长国的最大城市，20 世纪 90 年代以后，迪拜大力发展旅游业。1994 年，迪拜投资兴建了当地的地标建筑——阿拉伯塔酒店。酒店建在迪拜海湾人工岛上，共有 56 层，高 321 米，双层膜结构，塔身形如帆船，顶部伸出悬臂梁结构的停机坪，内部如阿拉丁宫殿般金碧辉煌。

涂涂画画　阿拉伯塔酒店

在水比油贵的沙漠国家，
哈利法塔喷泉长 275 米，
喷射高度 150 米，
水柱有 1000 多种变化，
配备 6600 个灯光和 50 架彩色投影机。
比原世界第一的
拉斯维加斯
美丽湖（Bellagio）喷泉
还要大 1/4!

哈利法塔与喷泉

大漠雄风

中东地区在历史上孕育了古埃及和古巴比伦等古代文明，胡夫金字塔保持世界最高建筑记录达 4000 多年，21 世纪初，哈利法塔又将“世界最高建筑”的头衔带回中东，向世界展现中东阿拉伯民族的坚实力量。

哈利法塔高 828 米，共 162 层，建筑平面形如“沙漠之花”蜘蛛兰。

哈利法塔成为世界关注的焦点，但同时它也和其他摩天大楼一样，没有摆脱“大厦建成，经济衰退”的魔咒。2004 年，哈利法塔开工建设的时候，阿联酋的经济增长率是 9.7%，而 2009 年的经济增长率则跌至 -0.2%。翻开历史，几乎每一次世界最高建筑的记录被刷新的时候，都会出现类似的情况：1930 年，克莱斯勒大厦完工，美国出现经济大萧条，当年的经济增长率是 -8.9%；1998 年，马来西亚吉隆坡双子塔竣工，东亚金融危机开始，当年马来西亚的经济增长率是 -7.8%。

在哈利法塔内，每次洗手，每次使用抽水马桶，都要将水抽至几百米的高空；56 部电梯以最高 17.4 米每秒的速度运行。大厦耗电量堪比一座城市，繁华背后是惊人的能源消耗。

建筑故事　最贵的冠名费

阿拉伯联合酋长国由 7 个酋长国组成，阿布扎比最富有，迪拜虽排名第二，但宣传做得最好，知名度高。提起阿联酋，很多人首先想到的是迪拜，而非阿布扎比。2009 年，迪拜发生金融危机，阿布扎比慷慨解囊，掏出 200 多亿美元救助。迪拜特以阿布扎比酋长哈利法 · 扎耶德的名字命名哈利法塔。人们戏称这是“史上最高冠名费”。

在阿布扎比雪中送炭的同时，科威特和沙特阿拉伯也表示“只要钱不够，我们也掏”。在面临危机的关键时刻，阿拉伯民族国家的团结互助，显示出整个阿拉伯民族复兴的强烈愿望。

“9 · 11”事件后，
建筑物的安全性日益受到重视，
哈利法塔运用“混凝土心”技术防恐，
将超高层建筑更加坚固的核心隐藏起来。
核心外的结构可能会坍塌，
发生火灾，或遭受生化武器袭击，
但核心结构一直处于被保护的状态。
塔内有中空的钢筋混凝土“脊梁”的，
支撑并保护着一层层蜿蜒向上的楼梯。